畜禽健康高效养殖环境手册

丛书主编：张宏福　林　海

蛋鸭健康高效养殖
环境手册

黄运茂◎主编

中国农业出版社
北　京

内 容 简 介

　　近年来，面对产业转型升级和环保形势所带来的压力，蛋鸭养殖业在养殖模式和养殖技术上得到不断创新和发展，饲养环境对蛋鸭健康和生产性能的重要性日益凸显。本书全面阐述了当前我国蛋鸭业的饲养技术、设施现状及未来发展趋势，深入阐述了蛋鸭饲养环境主要因子及其对蛋鸭健康、生长发育和生产性能的影响，并对各环境参数的影响途径、机制及国内外研究进展进行了系统论述，对蛋鸭舍内环境参数的分布规律进行了揭示；同时，本书还对蛋鸭饲养过程中的各环境参数的应用进行了具体介绍和推荐。该书既具有较强的理论性，又兼具明确的针对性和具体的指导性，实用性强，适合广大科研人员尤其是蛋鸭饲养人员阅读和参考。

丛书编委会

主任委员：杨振海（农业农村部畜牧兽医局）

李德发（中国农业大学）

印遇龙（中国科学院亚热带农业生态研究所）

姚　斌（中国农业科学院北京畜牧兽医研究所）

王宗礼（全国畜牧总站）

马　莹（中国农业科学院北京畜牧兽医研究所）

主　　编：张宏福（中国农业科学院北京畜牧兽医研究所）

林　海（山东农业大学）

编　　委：张宏福（中国农业科学院北京畜牧兽医研究所）

林　海（山东农业大学）

张敏红（中国农业科学院北京畜牧兽医研究所）

陈　亮（中国农业科学院北京畜牧兽医研究所）

赵　辛（加拿大麦吉尔大学）

张恩平（西北农林科技大学）

王军军（中国农业大学）

颜培实（南京农业大学）

施振旦（江苏省农业科学院畜牧兽医研究所）

谢　明（中国农业科学院北京畜牧兽医研究所）

杨承剑（广西壮族自治区水牛研究所）

黄运茂（仲恺农业工程学院）

臧建军（中国农业大学）

孙小琴（西北农林科技大学）

顾宪红（中国农业科学院北京畜牧兽医研究所）

江中良（西北农林科技大学）

赵茹茜（南京农业大学）

张永亮（华南农业大学）

吴　信（中国科学院亚热带农业生态研究所）

郭振东（军事科学院军事医学研究院军事兽医研究所）

本书编写人员

主　　编：黄运茂（仲恺农业工程学院）

副 主 编：武书庚（中国农业科学院饲料研究所）

　　　　　章双杰（江苏省家禽科学研究所）

　　　　　杨朝武（四川省畜牧科学研究院）

　　　　　刘文俊（仲恺农业工程学院）

参　　编（按姓氏笔画排序）：

　　　　　王　晶（中国农业科学院饲料研究所）

　　　　　付新亮（仲恺农业工程学院）

　　　　　朱春红（江苏省家禽科学研究所）

　　　　　李秀金（仲恺农业工程学院）

　　　　　李慧芳（江苏省家禽科学研究所）

　　　　　邱莫寒（四川省畜牧科学研究院）

　　　　　张海军（中国农业科学院饲料研究所）

　　　　　欧阳宏佳（仲恺农业工程学院）

　　　　　熊　霞（四川省畜牧科学研究院）

序一

畜牧业是关系国计民生的农业支柱产业，2020年我国畜牧业产值达4.02万亿元，畜牧业产业链从业人员达2亿人。但我国现代畜牧业发展历程短，人畜争粮矛盾突出，基础投入不足，面临"养殖效益低下、疫病问题突出、环境污染严重、设施设备落后"4大亟需解决的产业重大问题。畜牧业现代化是农业现代化的重要标志，也是满足人民美好生活不断增长的对动物性食品质和量需求的必由之路，更是实现乡村振兴的重大使命。

为此，"十三五"国家重点研发计划组织实施了"畜禽重大疫病防控与高效安全养殖综合技术研发"重点专项（以下简称"专项"），以畜禽养殖业"安全、环保、高效"为目标，面向"全封闭、自动化、智能化、信息化"发展方向，聚焦畜禽重大疫病防控、养殖废弃物无害化处理与资源化利用、养殖设施设备研发3大领域，贯通基础研究、共性关键技术研究、集成示范科技创新全链条、一体化设计布局项目，研究突破一批重大基础理论，攻克一批关键核心技术，示范、推广一批养殖提质增效新技术、新方法、新模式，推进我国畜禽养殖产业转型升级与高质量发展。

1

养殖环境是畜禽健康高效生长、生产最直接的要素，也是"全封闭、自动化、智能化、信息化"集约生产的基础条件，但却是长期以来我国畜牧业科学研究与技术发展中未予充分重视的短板。为此，"专项"于2016年首批启动的5个基础前沿类项目中安排了"养殖环境对畜禽健康的影响机制研究"项目。旨在研究揭示畜禽舍温热、有害气体、光照、群体密度、空气颗粒物气溶胶5类主要环境因子及其对畜禽生长、发育、繁殖、泌乳、健康影响的生物学机制，提出10种主要畜禽高密度养殖环境参数及其多元化控制模型，为我国不同气候生态区安全、高效养殖畜禽舍建设、环境控制提供依据，支撑"全封闭、自动化、智能化、信息化"养殖方式发展重大需求。

以张宏福研究员为首席科学家，由36个单位、94名骨干专家组成的项目团队，历时5年"三严三实"攻坚克难，取得了一批基础理论研究成果，发表了多篇有重要影响力的高水平论文，出版的《畜禽环境生物学》专著填补了国内外在该领域的空白，出版的"畜禽健康高效养殖环境手册"丛书是本专项基础前沿理论研究面向解决产业重大问题、支撑产业技术创新的重要成果。该丛书包括：猪、奶牛、肉牛、水牛、肉羊（绵羊、山羊）、蛋鸡、肉鸡、肉鸭、蛋鸭、鹅共 11 种畜禽的 10 个分册。各分册针对具体畜种阐述了现代化养殖模式下主要环境因子及其特点，提出了各环境因子的控制要求和标准；同时，图文并茂、视频配套地提供了先进的典型生产案例，以增强图书的可读性和实用性，可直接用于指导"全封闭、自动化、智能化、信息化"养殖场舍建设和环境控制，是畜牧业转型升级、高质量发展所急需的工具书，填补了国内外在畜禽健康养殖领域环境控制图书方面的空白。

"十三五"国家重点研发计划"养殖环境对畜禽健康的影响机制研究"项目聚焦"四个面向"，凝聚一批科研骨干，带动畜禽环境科学研究，是专项重要的亮点成果。但养殖场舍环境因子的形成和演变非常复杂，养殖舍环境因子对畜禽生产、健康乃至疫病防控的影响至关重要，多因子耦合优化调控还需要解决一系列技术经济工程难题，环境科学也需要"理论—实践—理论"的不断演进、螺旋式上升发展。因此，希望国家相关科技计划能进一步关注、支持该领域的持续研究，也希望项目团队能锲而不舍，抓住畜禽健康养殖和重大疫病防控"环境"这个"牛鼻子"继续攻坚，为我国畜牧业的高质量发展做出更大贡献。

陈焕春

2021 年 8 月

序

二

畜牧业是关系国计民生的重要产业，其产值比重反映了一个国家农业现代化的水平。改革开放以来，我国肉蛋奶产量快速增长，畜牧业从农村副业迅速成长为农业主导产业。2020年我国肉类总产量7 639万t，居世界第一；牛奶总产量3 440万t，居世界第三；禽蛋产量3 468万t，是第二位美国的5倍多。但我国现代畜牧业发展时间短、科技储备和投入不足，与发达国家相比，面临养殖设施和工艺水平落后、生产效率低、疫病发生率高、兽药疫苗用量较多等影响提质增效的重大问题。

养殖环境是畜禽生命活动最直接的要素，是畜禽健康高效生产的前置条件，也是我国畜牧业高质量发展的短板。2020年9月国务院印发的《关于促进畜牧业高质量发展的意见》中要求，加快构建现代养殖体系，制定主要畜禽品种规模化养殖设施装备配套技术规范，推进养殖工艺与设施装备的集成配套。

养殖环境是指存在于畜禽周围的可以直接或间接影响畜禽的自然与社会因素的集合，包括温热、有害气体、光、噪

1

声、微生物等物理、化学、生物、群体社会诸多因子，以及复杂的动态变化和各因子间互作。同时，养殖业高质量发展对环境的要求也越来越高。因此，畜禽健康高效养殖环境诸因子的优化耦合控制不仅是重大的生产实践难题，也是深邃的科学研究难题，需要实践—理论—实践的螺旋式发展，不断积累丰富、不断提升完善。

"十三五"国家重点研发计划"畜禽重大疫病防控与高效安全养殖综合技术研发"专项将"养殖环境对畜禽健康的影响机制研究"列入基础前沿类项目（项目编号：2016YFD0500500），并于2016年首批启动。旨在研究揭示畜禽舍温热、有害气体、光照、群体密度、空气颗粒物气溶胶5类主要环境因子，以及影响畜禽生长、发育、繁殖、泌乳、健康的生物学机制，提出11种主要畜禽高密度养殖环境参数及其多元化控制模型，为我国不同气候生态区安全、高效养殖畜禽舍建设、环境控制提供依据，支撑"全封闭、自动化、智能化、信息化"现代养殖方式发展的重大需求。项目组联合全国36个单位、94名专家协同攻关，历时5年，取得了一批重要理论和专利成果，发表了一批高水平论文，出版了《畜禽环境生物学》专著，制定了一批标准，研发了一批新技术产品，对畜牧业科技回归"以养为本"的创新方向起到了重要的引领作用。

"畜禽健康高效养殖环境手册"丛书是在"养殖环境对畜禽健康的影响机制研究"项目各课题系统总结本项目基础理论研究成果，梳理国内外科学研究积累、生产实践经验的基础上形成的，是本项目研究的重要成果。丛书的出版，既体现了重点研发专项一体化设计、总体思路实施，也反映了基础前沿研究聚焦解决产业重大问题、支撑产业创新发展宗旨。丛书共 10 个分册，内容涉及猪、奶牛、肉牛、水牛、肉羊（绵羊、山羊）、蛋鸡、肉鸡、肉鸭、蛋鸭、鹅共 11 种畜禽。各分册针对某一畜禽论述了现代化养殖模式、主要环境因子及其特点，提出了各环境因子的控制要求和标准，力求"创新性、先进性"，希望为现代畜牧业的高质量发展提供参考。同时，图文并茂、视频配套的写作方式及先进的典型生产案例介绍，增加了丛书的可读性和实用性。但不同畜禽高密度养殖的生产模式、技术方向迥异，特别是肉牛、肉羊、奶牛、鹅等畜种不适宜全封闭养殖。因此，不同分册的体例、内容设置需要考虑不同畜禽的生产养殖实际，无法做到整齐划一。

丛书出版是全体编著人员通力协作的成果，并得到了华沃德源环境技术（济南）有限公司和北京库蓝科技有限公司的友情资助，在此一并表示感谢！

尽管丛书凝聚了各编著者的心血，但编写水平有限，书中难免有错漏之处，敬请广大读者批评指正。

我们期望丛书的出版能为我国畜禽健康高效养殖发展有所裨益。

丛书编委会

2021 年春

前　言

在全球范围内，欧洲、美洲、大洋洲、非洲等地区基本不养殖蛋鸭，蛋鸭养殖主要集中在东南亚地区及我国，而我国又是世界水禽养殖中心，养殖量不仅大，而且种质资源丰富。在我国，蛋鸭主要分布在浙江、江苏、上海、广东、广西、湖南、湖北、安徽、山东、河北等沿海和水系发达地区，华中地区是我国蛋鸭生产最为集中的区域，主要养殖绍兴鸭、金定鸭、攸县麻鸭和连城白鸭等优良地方品种。

蛋鸭业作为水禽业的重要组成部分，对养殖区农村和农业经济发展发挥着重要支撑作用。2018年我国成年蛋鸭存栏量已超过2亿只，占全球蛋鸭存栏量的90%以上，年产蛋量达306.91万t，年产值近500亿元。鸭蛋消费量占总禽蛋消费的30%左右，且呈逐年递增趋势。

近年来，面对产业转型升级和环保形势所带来的压力，蛋鸭养殖业不仅在产业分布上形成了特色鲜明的区域集中分布模式，而且在养殖模式和养殖技术上也得到了不断创新和发展。为突破水面对蛋鸭业发展的限制及养殖粪污带来的环境污染问题，通过借鉴和技术创新，当前的蛋鸭养殖业在养

1

殖模式上逐渐由传统水养模式向新型的旱养、平养模式转变，其中笼养模式是目前发展前景最广、优势最明显的新型蛋鸭养殖模式，不仅可显著改善养殖环境，保证蛋鸭健康，而且可大大提高生产效率和蛋品质，减少脏蛋数量。在鸭舍建造上，封闭式蛋鸭舍配备笼养生产线所展现出的信息化程度、自动化水平、环境质量，以及带来的高效管理、高水平生产、高品质产品、极低损耗等特点是其他蛋鸭养殖模式和技术无法企及的，将成为未来蛋鸭养殖发展的主导方向。

同其他畜禽一样，良好的养殖环境是蛋鸭拥有正常机能、新陈代谢的重要保证，进而直接影响鸭体的营养需求与转化、免疫与健康、产品质量与效率。只有针对蛋鸭在不同生产阶段对环境的不同要求，通过人工控制精准给予其舒适的养殖环境条件，最大限度地给予其养殖福利，才能降低生产成本，提高生产效率，保证产品质量。

如何根据蛋鸭养殖需求精准控制养殖环境条件？首先要研究并阐明不同环境因子互作对蛋鸭生长发育、繁育、免疫力、健康及生产性能的影响机制，尤其是不利环境因子对蛋鸭健康和生产的不良影响；其次要研究并揭示在当前蛋鸭养殖业主导模式和技术设备条件下，各类环境因子在空间和时间上的分布状态及变化规律；第三要结合不同类型的主导蛋鸭养殖模式及具体的标准化饲养管理过程，研究并筛选出适于蛋鸭不同生产阶段的环境因子参数范围，并用于指导蛋鸭养殖生产。

本书在国家重点研发计划"养殖环境对畜禽健康的影响机制研究"的基础上，通过对蛋鸭养殖过程中环境因子的系统调研和研究，阐明环境因子对蛋鸭机体健康、生长发育和生产的影响机制，揭示不同类型养殖模式下环境因子的空间和时间分布规律，以期筛选出适于蛋鸭生长发育和生产的最佳环境参数范围，为我国蛋鸭养殖业提供有力的技术支撑。

本书编者尽力将现有的各项研究成果与国内外相关研究报告和数据进行整理、融合，期望给蛋鸭养殖人员和相关科技工作者提供全面、系统的参考和借鉴，但受本手册编撰团队相关研究工作及参考资料的局限，该书仍存在诸多有待完善之处，期望读者和广大同行批评指正。

编者

2021 年 6 月

目
录

第一章
蛋鸭饲养设施与环境

第一节　蛋鸭饲养设施及发展趋势

一、蛋鸭饲养主要模式及设施

我国是世界蛋鸭养殖和消费第一大国，蛋鸭养殖数量占世界总量的90％以上。欧洲、美洲、大洋洲、非洲等地基本没有蛋鸭养殖，国外蛋鸭养殖主要集中在东南亚的越南、印度尼西亚、泰国等地（梁振华，2016）；在我国主要分布在浙江、江苏、上海、广东、广西、湖南、湖北、安徽、山东、河北等沿海和水系发达地区。从全国蛋鸭生产的区域分布看，华中地区是我国蛋鸭生产最为集中的区域，其次为华东和华南地区，这三个地区的产量占全国总产量的90％以上。养殖品种主要包括绍兴鸭、金定鸭、攸县麻鸭、连城白鸭、三穗鸭、微山麻鸭、缙云麻鸭、莆田黑鸭、荆江麻鸭、山麻鸭等优良地方品种。

近年来，面对产业转型升级和环保形势所带来的压力，蛋鸭养殖业不仅在产业分布上形成了特色鲜明的区域集中分布模式，而且在养殖模式和养殖技术上得到不断创新和发展。在区域分布上，逐步形成了依赖资源优势、技术优势或产业优势的产业带。

一是由于当前养殖蛋鸭仍对水面有较强的依赖，在水资源丰富的地区，形成以水资源优势为特征的产业集中带，如湖北、广东等省份；二是由于我国蛋鸭品种主要来源于福建、浙江等地，在这些地区形成以蛋鸭繁育为特征的产业集中带，并对蛋鸭产业链形成带动效应；三是通过多年发展，江汉平原形成了以鸭蛋加工为整体的产业中心，并继续以此为优势带动蛋鸭业快速发展；四是随着蛋鸭新型养殖模式和养殖技术的推广应用，如蛋鸭笼养、旱养技术等，使水资源欠发达地区如西南、西北地区突破蛋鸭养殖业发展瓶颈，通过承接华东及华南等发达地区因土地稀缺、环保压力而转移过来的蛋鸭养殖业，逐步形成以新型养殖模式和养殖技术为特征的蛋鸭养殖带。

在我国，大多数的蛋鸭养殖仍然沿用鸭舍结合公共水域或人工水池，通过放牧或圈养的方式进行生产，约占养殖总量的 95%，传统的放养或圈养饲养模式下，生产设施简单，只需搭建简易大棚或开放式砖混鸭舍，铺设垫料，架设围栏，用于蛋鸭休息，预防兽害；修建鱼塘或人工小水池，作为洗浴和戏水设施；水泥硬化或泥土运动场，结合水面简易网架，作为运动休息区；地面、网架上配备水桶（水槽）、料盆等饲喂设备，同时配备蛋盘、箩筐、手推车等辅助设施设备；粪污处理大多采用沤肥、鲜粪还田或自然还田降解等方式，无专门的粪污处理设备。立体笼养、网床养殖、发酵床养殖等新型养殖模式在各地也有生产实践，约占养殖总量的 5%（林勇，2017；李新等，2019）。近年来，在国家大力开展环境治理的背景下，随着禁养区和限养区的扩大，水域放养被禁止，蛋鸭饲养空间被大大压缩，具有环保、安全、经济、高效特点的生态循环养殖模式得到发展。一是逐渐形成与其他生物共生互作的养殖方式，包括稻鸭共育、鸭鱼共育、鸭珠共育、鸭菱共育等；二是形成将沼气发酵或罐式发酵工艺应用于蛋鸭养殖的多种养殖模式，做到了蛋鸭生产的生态环保。

1. 传统有水养殖模式　这是一种以家庭为单位，利用小规模河道、湖区等公共水域或池塘进行放牧，结合圈养的小规模蛋鸭养殖模式。圈舍为简易棚舍或砖混结构的开放式圈舍，设施简陋，不利于抵抗极端天气。该种饲养模式对水域和环境的污染较大，蛋品质差，人工效率低，疫病风险高，土地利用率低，经济效益低。

2. 立体笼养模式　这是一种借鉴蛋鸡笼养的成功经验，将蛋鸭置于笼具内进行集约化饲养的生产方式。根据蛋鸭体型和生理特点，配备专门化笼具、料槽、饮水乳头和水线，设置挡粪板，少数企业配备了自动喂料、自动集蛋、自动清粪及湿帘、风机等设备，采用自动化养殖。笼养使得饲养环境变得可控，保证了蛋鸭健康和产蛋性能，提高了鸭蛋品质，较大地提高了饲养密度，具有较好的经济、生态和环保价值，便于进行规模化、集约化生产。但笼养应激较大，需要筛选和培育适宜笼养的蛋鸭品种，研发笼养专用全价配合饲料，而前期设施设备投入太高是目前难以大范围推广的主要困难之一（卢立志，2011）。

3. 网床养殖模式　这是一种将蛋鸭置于离地网床上饲养的新型养殖模式，包括网上平养，网下发酵床结合网上养殖两种方式。网床上配备采食槽、饮水器和水线，设置产蛋窝和排泄区，网下为安装了刮粪板的倾斜水泥硬化地面或装有翻耙机的生物发酵床，设施化程度高，投资相对较大。网床养殖模式能隔离粪便，改善饲养环境，提高蛋鸭成活率和蛋品质，降低防疫风险和养殖成本，适当提高了养殖密度，利于粪污处理，减少环境污染。但网床养殖鸭易患软脚病，需选择适宜网床养殖的品种，合理控制饲养密度，研发网床养殖专用全价配合饲料（瞿双双，2014）。

4. 发酵床养殖模式　这是一种借鉴发酵床养猪、养鸡的成功经验，将蛋鸭置于发酵床的新型旱养模式。该养殖模式利用有益微生物及时将粪便中的有机物充分分解和转化，抑制粪便中肠道微生物增殖，减少恶臭气体的产生。与传统垫料养殖相比，发酵床养殖可显著改善空气质量，减少疾病发生和用药成本，提高饲料转化率，降低鸭场粪污的排放，实现污水零排放，环保意义重大（林勇，2017）。该种饲养模式的垫料和设备投入较高，需要注意发酵菌种的选择、发酵床维持、冬季防寒和夏季控湿问题（瞿双双，2014）。

5. 喷淋旱养与人工小池模式　喷淋旱养模式是通过在蛋鸭舍安装一定高度的喷淋管及配套设施，实施蛋鸭舍内旱养（顾春梅等，2011）。在旱养鸭舍内修建小面积的戏水池，以供蛋鸭洗浴的养殖模式，即人工小池模式。与传统水面养殖相比，喷淋旱养和人工小池模式在保证蛋鸭羽毛清洁和产蛋性能的前提下，还能节约水，减少环境污染；但人工小池存在有害菌污染，会增加防疫风险（瞿双双，2014）。与无喷淋旱养相比，喷淋旱养蛋鸭羽毛干净，死淘率显著下降，产蛋率、饲料转化率等产蛋性能指标显著提高。喷淋旱养是一种具有较大推广价值的蛋鸭生态高效养殖模式（卢立志，2011）。

6. 生态循环养殖模式　生态循环养殖模式包括鸭与其他生物共育的养殖模式，以及将沼气发酵、罐式发酵工艺应用到蛋鸭旱养中的养殖模式。其中共育模式包括稻鸭共育、鸭鱼共育、鸭珠共育、鸭菱共育、鸭茭共育以及林下养鸭等方式（卢立志，2011；陈岩锋等，2012）。该模式可以充分发挥蛋鸭除草、捕虫、增氧、施肥的作用，减少或停用化肥和农药，降低种养成本，提高养殖产量，比单一的养殖或种植模式具有更高的环保、经济价值；但缺点是不适合规模化生产。另外，无论蛋鸭采用网床养殖、立体笼养还是其他舍内养殖模式，必须结合粪污无害化处理和循环利用技术，将产出的粪污通过沼气发酵或罐式发酵，分解转化为沼气、沼液和沼渣等再生资源，用作燃料、灌溉和动物饲料，做到蛋鸭养殖的生态环保（陈岩锋等，2012）。该种将粪污发酵无害化处理工艺应用于蛋鸭养殖的模式在技术上已经很成熟，但若要进行规模化生产，需配套足够数量的种植面积，存在土地流转和设施设备投入较大的问题。

与国际上设施化、标准化、规模化、集约化水平高的蛋鸡饲养相比，我国蛋鸭养殖呈现设施化水平低、管理水平不高、生产水平低、小规模散养为主的特点，在设备配置、环境调控、粪污处理、福利化养殖等方面存在较大差距，这就导致了蛋鸭饲养环境差、生产效率低、环境污染大、疫病风险高、经济效益低、产品质量没保证，无法满足生态、安全、优质、高效的现代蛋鸭产业发展需要。

二、蛋鸭饲养设施发展趋势

（一）我国蛋鸭养殖设施现状

目前，我国蛋鸭养殖生产仍以传统的地面平养模式为主导，占蛋鸭养殖总量的90％以上（肖长峰等，2020）。此种养殖模式的优点是顺应鸭的自然习性、投资少、回报快，适合小型养殖户。但是，此种养殖模式的最大缺点是占地面积大，单位面积内的饲养量偏低；粪污对水质环境造成污染，鸭脚掌与地面粪污直接接触，容易引发脚掌炎、胸部炎症等疾病（肖长峰等，2020）。

（二）我国蛋鸭养殖设施种类

随着国家对环境保护的重视和人们食品安全意识的增强，传统蛋鸭养殖模式存在的诸多弊端已不适应社会进步和行业发展的需要，探寻符合现代水禽生产理念，发展环保、安全、优质、高效的饲养模式是今后蛋鸭产业发展的必然趋势。对发酵床养殖、网床平养、立体笼养等养殖模式的探索与研究，为新型蛋鸭生态模式的建立与完善、现代蛋鸭产业的转型升级和可持续发展提供了科学依据和宝贵的实践经验（林勇，2017），尤其是近年来逐渐成熟的蛋鸭规模化笼养模式可以解决传统小规模散养的诸多问题。笼养模式改变了传统鸭舍依水而建的习惯，使得大规模、集约化饲养成为可能。蛋鸭笼养具有诸多优点：一是大大提高养殖密度，节约用地，便于规模化生产；二是实现粪污隔离，有效阻断疫病传播，生物安全性好；三是提高人工效率、饲料转化率，减少用药，降低养殖成本；四是鸭蛋干净，破蛋率低，蛋品质高；五是有效控制养殖环境，保证蛋鸭健康、生产性能优良，经济效益好；六是受外界环境影响和限制少，可全年生产，全球通用。蛋鸭笼养有效解决了传统蛋鸭养殖存在的一系列生态问题和社会问题，是一种环境友好型的高效养殖模式。

（三）存在的问题及发展趋势

发酵床养殖、网床平养和立体笼养等养殖模式是我国在规模养鸭与环境治理之间寻求平衡的有益探索，对改善饲养环境、保证蛋鸭产品质量安全、减少环境污染等具有积极意义。但在应用上也存在一些亟待解决的技术问题，如发酵菌种的选择与发酵床的维护技术，网床平养蛋鸭的软脚病，笼养鸭外观的改善，如何培育高产、应激反应不强烈的蛋鸭品种等；另外，前期资金投入太大是这些新型养殖模式在推广应用中存在的共同难题。目前，我国蛋鸭养殖已向适度规模发展，具有5 000只以上养殖规模，采用公司＋农户模式的养鸭场数量逐渐增多。参照蛋鸡笼养，从增加单位面积饲养数量，节约人工成本，提高土地等资源利用率和经济效益，进行规模化、集约化生产的角度出发，立体笼养更具有发展潜力和应用推广价值。在这种趋势之下，企业采用专门设计的蛋鸭笼具、鸭用乳头饮水器、挡粪板，配备自动喂料系统、自动饮水系统、自动光照系统、自动清粪系统、自动集蛋系统、湿帘风机通风降温系统等配套设施及全环境控制自动控制综合系统，进行蛋鸭养殖；在生产后端，配套全自动蛋品清洗、分选、加工、包装流水线，建设粪污无害化处理场，配备罐式发酵或沼气发酵设施设备，以及病死禽无害化处理焚烧炉等设施；在生产管理端，运用计算机技术、互联网技术建立自动化生产管理系统，综合提高蛋鸭养殖场智能化水平。但目前仅在几个蛋鸭养殖大省的部分企业开展了蛋鸭笼养的生产实践，广大蛋鸭养殖户没有涉足蛋鸭笼养这一新型养殖模式。而开展笼养生产的企业，其笼养设施设备配置也相差甚远，因此笼养蛋鸭的生产水平也是参差不齐。

尽管我国蛋鸭的现代化生产模式发展较晚，但起点高，产业化格局正在迅速形成。随着新农村建设和乡村振兴战略的实施，为了满足产业脱贫攻坚、生态农业、美丽乡村发展的需要，蛋鸭产业必将迎来转型升级，传统蛋鸭饲养模式所占比重将逐渐减少直至消失，蛋鸭笼养等新型养殖模式所占比例将逐渐增加，成为蛋鸭生产的主导模式，进一步提升蛋鸭生产效率。开展规模化、集约化和标准化的蛋鸭笼养是未来国际蛋鸭养殖发展的趋势。

三、蛋鸭饲养设施与养殖福利

一直以来，我国蛋鸭养殖主要采用的传统水面养殖方式，充分利用了水域和自然环境资源，让鸭成群结队地在水中自由嬉戏，采食杂草、鱼虾，梳理羽毛，遵从水禽天性，满足蛋鸭生理需求和行为需要，几乎没有人工设施设备，这似乎已满足了蛋鸭福利化养殖的需求。但随着经济发展、社会进步，环境污染成为经济快速发展所付出的代价，加之蛋鸭产蛋发展需要，公共水域已经不再适合水禽放养，因此国家提出了环保治理要求。

水禽一旦离水上岸，进入舍内养殖，圈舍类型、养殖模式、养殖设备、饲养管理方式等共同造就的养殖环境与蛋鸭的健康和福利息息相关。

地面旱养模式，虽满足了蛋鸭群居、社交等行为需要，但无法隔离粪便，饲养环境太差，动物的健康无法保证，更别提动物福利水平。蛋鸭与水稻、鱼、虾、菱、茭等生物共生互作的生态循环养殖模式，满足鸭嬉水和觅食等行为需要，动物福利好，但并不适合大规模生产。发酵床养殖、网上平养和立体笼养等新型无水养殖模式是为了追求规模化养殖和环境保护的平衡而进行的有益探索。这些养殖模式不仅改善了饲养环境，获得了优良的产蛋性能，还提高了土地和水资源的利用率，实现了污水零排放和粪污的无害化处理，减少了疫病传播和生物防控风险；但违反了水禽嬉水的生物特性，以及群居、觅食等行为需求，尤其是高饲养密度的立体笼养模式还造成了蛋鸭应激，限制了蛋鸭运动和社交，改变了蛋鸭行为，造成了羽毛板结等不良后果，大大降低了蛋鸭福利水平。

喷淋技术的出现较好地兼顾了蛋鸭旱养中的节水环保与动物福利。研究发现，跟传统水养模式相比较，舍内喷淋旱养不影响蛋鸭的产蛋性能（江宵兵等，2010）；跟无喷淋旱养比较，喷淋组蛋鸭的产蛋率和料蛋比更优，成活率更高，饲养成本更低，生产效益更高（顾春梅等，2011）；喷淋旱养组的产蛋性能优于人工水池组和无喷淋组，污水产量不到人工水池组的 1/10，污水中氮、磷及有机物含量较人工水池组降低 92％以上（李桂明等，2011）；平养结合间歇喷淋对蛋鸭产蛋性能和淘汰鸭羽毛品相有一定影响，但可以显著提高蛋重，降低死淘率和饲料消耗，且不影响养殖效益，是适应当前环保要求的养殖模式（章双杰等，2020）。将喷淋技术合理应用于新型的旱养模式中，既保证蛋鸭生产性能的发挥，又兼顾了节水环保，从一定程度上满足了蛋鸭的福利，具有良好的生产、经济、社会和生态效益。喷淋旱养是一种值得推广的蛋鸭福利化生态养殖模式。

发达国家的蛋鸡养殖大多走过了从传统的农场户外或庭院式养殖到高度自动化的层架式笼养的演变过程，现在又开始向舍内散养、栖架饲养、厚垫料饲养等福利化养殖方式转变。我国开展蛋鸡的自动化养殖近四十年，自动化设备基本是按照国外的模式，但自动化水平和生产性能与国外还存在较大差距，尤其是自主研发标准化、成套化自动化设备方面存在较大不足，蛋鸡的福利化养殖仍屈从于蛋鸡生产性能和养殖效益的提高。从我国的国情和实际出发，不能撇开生产性能谈动物福利，就蛋鸭养殖而言，为人类提供更多、更安全、更优质的肉蛋产品仍是首要需求。因此，蛋鸭的养殖密度可能会随着饲养设备的创新和养殖技术的进步而进一步提高，笔者所在团队会加大喷淋技术等福利化养殖技术和设备的研发和应用，兼顾动物的福利化养殖。

第二节　蛋鸭饲养环境

蛋鸭饲养环境指环绕于蛋鸭生存空间的各种客观环境条件的总和。蛋鸭的饲养环境从范围来分，包括大环境、小环境、内环境、外环境和微环境。生产上所说的养殖环境通常为小环境，即蛋鸭直接生存的环境，能影响机体新陈代谢和机能的环境，主要指动物生活棚舍的内外环境，包括棚内环境（内环境）和能影响养殖的棚外环境（外环境）。另外，小环境能直接影响微环境，即动物体内环境。按照环境因子的性质划分，蛋鸭环境因子主要包括空气环境、水环境、光环境以及其他环境因子。空气环境因子主要包括空气温度、相对湿度、气流速度、热辐射等热环境因子，以及空气成分、有害气体、空气微生物及粉尘等空气环境质量因子；水环境因子主要指水源、水质等；光环境因子主要指光照及辐射等。蛋鸭与环境的关系主要通过蛋鸭的生存、生长发育、繁衍后代表现出来，一方面，蛋鸭在从外界环境中不断获取物质、能量和信息的同时，受到各种环境因素的影响；另一方面，蛋鸭也影响着周围环境，其影响的性质和深度随着环境条件的不同而发生变化。

一、热环境

机体的体温调节，包括散热调节和产热调节两种形式。散热调节是指在炎热或寒冷环境中，机体依靠皮肤血管的舒张或收缩来改变皮肤血流量，以及通过加强或减弱汗腺和呼吸活动等方式来增加或减少散热，以维持正常体温的调节方式。产热调节是在较严重的冷应激下，机体通过减少或增加体内营养物质的代谢，来减少或增加产热，以维持正常的体温。家畜在适宜的环境温度范围内，机体可不必利用本身的调节机能，或只通过少量的散热调节就能维持体温恒定。此时，机体产热和散热基本平衡，或只通过少量的散热调节就能维持体温恒定，通常把这一适宜的温度范围称为等热区。环境温度在等热区范围内，饲养蛋鸭最为适宜，生产效益也最高。而环境温度过高或过低对蛋鸭的生产性能和健康状况等方面均会产生不良影响，如产蛋率下降、采食量及消化吸收效率降低，机体的免疫机能也将受到影响。

二、湿度

湿度对蛋鸭的影响研究较多的是体热调节和生产性能，相对湿度是湿度程度最为常用的表示方法，它是指空气中实际的水汽量与同温度下饱和水汽量的比值，表示空气中水汽含量距离饱和的相对程度，是一个常用的指标。当空气达到饱和时，相对湿度为100％，一般认为相对湿度超过75％为高湿，低于30％为低湿。相对湿度可以调节蛋鸭的体热，但受到气温的影响，而湿度反过来会加剧或缓解气温对蛋鸭产生的不良影响。因此，在高温、高湿环境下，蛋鸭散热困难，不利于蛋鸭体热平衡的维持，进而影响蛋鸭的生产性能和繁殖能力。此外，高湿条件下，蛋鸭的抵抗力降低，并且有利于环境中的病原微生物的繁殖，饲料也更容易发生霉变，从而对蛋鸭的健康产生影响，诱发各种疾病的发生；而在低湿条件下，空气过于干燥，蛋鸭呼吸道黏膜干裂，易诱发呼吸道疾病，同样不利于蛋鸭的健康。因此，在蛋鸭生产中，湿度是另外一个重要的环境因素。

三、风速

风速与温度和湿度共同影响蛋鸭热平衡调节。在高温环境下，提高风速能够增加蛋鸭的散热，从而调节蛋鸭的热平衡状态。通风换气是养禽生产过程中不可缺少的重要环节，同时也是调节禽舍环境状况最重要和最常用的手段，通风换气不仅能够将舍内的有害气体、粉尘等排出舍外，还能保持舍内各个位置的环境状况均匀一致，对舍内温度和湿度还有一定的调节作用。对蛋禽而言，即使在冬季，舍内也应保持一定的通风。不能为了使舍内维持较高的温度，而将蛋禽舍的门窗和通风口紧闭，阻碍通风换气，使舍内粉尘和有害气体浓度升高，对蛋禽的生产和健康产生不利影响。

四、光照

光照对蛋鸭的疫病和健康影响很小，更多的是通过视觉器官来影响蛋鸭的生理机能和生产性能。光照的强弱、光色及光照的周期等都会对蛋鸭的生产性能产生一定的影响，良好的光照条件是蛋鸭保持良好生产状态必不可少的条件之一。蛋鸭卵泡的生长发育直接关系着其产蛋量的多少及蛋品质的好坏，其中光照、温度及营养状况是影响蛋鸭卵泡发育的重要因素，而光照对蛋鸭生产性能的影响主要是通过影响其内分泌系统，调节繁殖相关激素的分泌，进而影响蛋鸭的繁殖性能。

五、有害气体

蛋鸭舍内的有害气体主要有氨气、硫化氢和二氧化碳等，这些有害气体都是由蛋鸭呼吸、生产过程和有机物分解等产生的，对蛋鸭有直接影响。蛋鸭舍内氨气浓度过高会对机体的皮肤、眼睛和呼吸道黏膜造成损伤，影响蛋鸭的生产性能和健康状况，并导致呼吸道疾病的发生。过高的硫化氢浓度能抑制蛋鸭的呼吸中枢神经，造成缺氧；如果舍内二氧化碳浓度过高，会加剧缺氧状况，对蛋鸭的生产性能和健康状况造成严重的影响。

六、粉尘、微粒及微生物

鸭舍中的粉尘指的是蛋鸭在生产过程中产生的固体悬浮物，根据粉尘在呼吸道中沉积位置的不同，分为吸入粉尘、可吸入粉尘以及呼吸性粉尘，其对蛋鸭造成的影响也不尽相同。吸入粉尘也称为全尘，主要指通过呼吸从鼻、口吸入呼吸道内的粉尘；可吸入粉尘直径一般小于 15 μm，主要指通过喉部进入气管、支气管及肺泡区的粉尘，可引起气管和支气管疾病；呼吸性粉尘指能进入肺泡区的粉尘，其直径小于 5 μm，是引起肺尘埃沉着的病因。在生产中主要关注的是全尘与可呼吸性粉尘。蛋鸭舍中的粉尘会严重影响蛋鸭的呼吸系统，抑制呼吸道的清除机制，降低其抗病能力，引发呼吸道疾病，从而影响蛋鸭的健康和产蛋性能。除此之外，粉尘还是一些细菌、病毒等病原微生物的载体，这些病原微生物可通过附着于粉尘而悬浮在空气中，导致病原微生物的传播。

第三节　环境因子对蛋鸭的影响

一、温热环境

1. 温度　温度是影响家禽生产性能、健康及福利的重要环境因子，温度过高或者过低均不利于蛋鸭生产。

（1）**热应激**　蛋鸭适宜的生产温度为15～25℃，属于耐寒不耐热的水禽，对热应激比较敏感。早在1976年就有研究报道，舍温从21℃升至32℃时，鸡群的产蛋率下降17％，蛋重下降9％（De Andrade等，1976）。对蛋鸭的研究也证明了其适宜温度是15～25℃，当温度达到28℃时，蛋鸭采食量及体质的各项指标也下降（Ma等，2014）。研究表明，养殖户的蛋鸭在冬季舍温低于（4±2）℃时大多数蛋鸭陷入停产状态；当舍温在（13±2）℃以上时才重新开始产蛋（任延铭和王安，2000）。

①降低采食量　在高温环境中，家禽机体散热不充分，体热平衡被打破，甲状腺激素水平下降，交感神经兴奋导致胃肠蠕动减慢，延长食物在消化道中的时间，抑制采食中枢，使采食量减少（Garriga等，2006；张庆茹等，2007）。对于家禽而言，从21～30℃温度每增加1℃，食欲就降低1.5％；从32～38℃温度每增加1℃，食欲就降低4.6％（郭亮，2017）。有研究报道指出，热应激条件下生产性能的降低约一半的因素是采食量减少、营养摄入不足导致（O'Brien等，2010）。

②降低消化吸收能力　高温环境下，动物机体交感神经兴奋，呼吸频率加快，内部器官的血流量减少，使得胃肠道分配到的血液减少，而且兴奋的交感神经导致儿茶酚胺产生过多，使血液的凝固性升高，导致胃肠组织缺血、缺氧，最终出现严重的代谢紊乱（Ooue等，2007；Radwan等，2010；代雪立等，2010）。慢性热

13

应激会降低肠道与三羧酸循环、电子转移和氧化磷酸化相关的蛋白含量，破坏能量代谢，从而引起肠道发生氧化应激（Cui 和 Gu，2015）。热应激会破坏消化道菌群的平衡，降低其黏膜免疫功能；增加沙门氏菌的附着，使其更容易突破肠黏膜屏障（Burkholder 等，2008；Quinteiro Filho 等，2012；李永洙等，2015），并减少空肠和盲肠乳酸杆菌的数量，破坏微生态平衡（康磊等，2013）。长期处于热应激下的家禽，会导致空肠固有层淋巴细胞和浆细胞数量增加，引发轻微的急性多病灶肠炎（Quinteiro Filho 等，2012）。热应激还会抑制胃酸的分泌，降低饲料的消化率，同时受损的肠道会减弱其吸收营养物质的能力，从而进一步导致家禽营养物质的缺乏。

③降低产蛋量　高温改变蛋鸭内分泌系统的活性，会激活下丘脑-垂体-肾上腺轴，增加血浆中皮质醇、皮质酮和促肾上腺皮质激素（CRH）含量，而 CRH 分泌增加会降低生殖轴相关生殖激素的分泌，从而导致蛋禽产蛋量下降。

④影响蛋品质　高温状态下，蛋禽血液中钾、钙、磷、糖和血脂浓度水平显著下降，同时有机酸的大量分泌，血液的 pH 下降，血液酸碱失衡。血液中的钙离子和有机酸结合，导致钙离子浓度变少，蛋壳形成所需的钙减少，从而影响了蛋壳品质（陈才等，2013）。

（2）低温环境　在我国北方寒冷地区，低温环境是蛋鸭养殖的主要限制因素。当环境温度突然降低（10℃以上），或是长期处于低温状态（4℃以下）时，家禽会产生寒冷应激。使禽类新陈代谢和生理机能发生改变，进而影响家禽的生产性能和饲料转化率（陈鑫，2007）。冷应激主要从以下三个方面影响蛋禽，降低其生产性能。

①提高维持能量需要　在寒冷环境中，家禽采食量增加，有很大一部分直接用于增加产热来维持体温，只有一小部分增加用于脂

肪沉积，所以整个饲养期的饲料报酬显著下降。冷应激一般降低家禽产蛋性能，一般认为，当舍温持续在7℃以下时，对产蛋和饲料利用都有不良影响。研究表明，产蛋鸡在舍温7℃时，每100只鸡每天产蛋数比13℃时少4个（芦燕，2009）。如果当舍温降低到－9～－2℃时，蛋鸡难以维持体温正常和产蛋高峰。如果温度降到－9℃以下，鸡的活动迟钝，产蛋率迅速下降。研究发现蛋鸡在低于最适温度10～12℃时，采食量增加，但仍不能维持产蛋需要，从而动用体内贮备，致使体重下降（史喜菊，2003）。

②影响免疫系统　温和冷应激常引起免疫增强，过强的冷应激会严重抑制机体的免疫功能，致使机体免疫机能下降（Phard，1998；Sima等，1998）。冷应激刺激下丘脑分泌促垂体激素，从而使甲状腺分泌甲状腺激素，加强体液免疫；另外，冷应激还可以使免疫球蛋白合成量增加。

③影响激素分泌　冷应激会激活下丘脑-垂体-肾上腺轴，增加血浆中皮质醇、皮质酮和促肾上腺皮质激素（CRH）含量；同时也影响甲状腺轴和生殖轴。皮质酮在寒冷应激中可以抑制产热增加，以防止其造成能量浪费，还能提高血糖、防止发炎。低温使家禽的生殖神经内分泌轴激素的分泌受抑制，卵泡刺激素、黄体生成素、雌激素和孕酮水平降低，输卵管等生殖器官活动受到抑制，最终降低产蛋率（吴国权和王安，2008）。

2. 湿度　禽舍湿度通常使用相对湿度（relative humidity，RH）表示，反映了禽舍内空气水分含量的多少，具体为禽舍内空气中实际的含水量与该温度下饱和含水量的比值（魏凤仙，2012）。家禽对湿度的适应范围较广，一般认为禽舍内相对湿度超过75％时为高湿，相对湿度低于40％时为低湿。湿度是禽舍重要的环境参数之一，合适的湿度是家禽健康的保障，如果完全采取自然状态，不予重视，会引发多种疾病的发生（Dennis，1986）。蛋鸭为水禽，喜欢游泳，但圈舍不能潮湿，垫草必须干燥。雏鸭出壳3d

后，可陆续下水游泳，但时间不能过长。雏鸭出壳后，通过运输或直接转入干燥的育雏舍内，雏鸭体内的水分会大量丧失，失水严重会影响蛋黄吸收，进而影响健康和生长。育雏初期育雏舍内需保持较高的相对湿度（65%～70%），随着雏鸭日龄的增加，体重增长，呼吸量加大，排泄量增大，此时应尽量降低育雏舍的相对湿度（55%～65%）。湿度是蛋鸭养殖过程中的重要环境因子之一，主要从以下几方面影响蛋鸭的生产。

（1）影响体热调节　家禽没有汗腺，只能通过呼吸作用及蒸发作用排出体内水分来散热，而湿度主要通过与温度协同作用调节家禽的体热。在低温时，湿度过大会加剧阴冷的影响，使家禽更感觉寒冷而造成冷应激；在高温时，高湿度会抑制家禽的蒸发散热，导致热应激加剧。研究报道，在高温（29～35℃）条件下，随着相对湿度的增加，30～60日龄肉鸡体表温度显著增加（效梅等，2003）。湿度低有利于家禽的蒸发散热，但是湿度过低则会造成家禽脱水。在适宜的温度环境下，湿度对家禽体热的影响不大。在28℃室温条件下，40%～75%相对湿度对4～8周龄肉鸡的皮肤温度和体核温度均无显著影响（Yahav等，2000）；在相对湿度超过80%时，即使在适宜的舍内温度环境条件下，也会抑制家禽散热，导致热应激。

（2）影响生长性能　研究表明，在合适的湿度条件下，家禽所需的维持能量最低，湿度过高或者过低均会使维持能量升高，从而导致生长性能下降。28℃条件下用不同湿度处理35d的肉鸡，结果60%～65%RH组的体重和采食量显著高于其他湿度处理组（Yahav等，2000）。舍内湿度过低，会造成家禽饮水量增加，但采食量降低，从而降低生长性能；湿度过高，则会抑制家禽机体蒸发散热，造成热应激，导致生长性能下降。研究表明，与对照组（60%RH）相比，85%高湿处理组试验末鸡的体重、平均日采食量和日增重显著降低，料重比降低（魏凤仙等，2013）。也有研究报道，在温度低于 25℃ 的条件下，湿度对畜禽增重没有影响（Freeman 等，1988）。

（3）影响繁殖性能　在高温高湿条件下，蛋鸡卵巢中卵子形成受到抑制，从而降低了蛋鸡的产蛋量（常明雪，2003）。另外，湿度还影响种蛋的保存和孵化。比较 43%、53% 和 63% RH 条件下种蛋的孵化情况，发现随着湿度的增加鸡胚重显著增加，在 53% RH 获得最大孵化率，在 63% RH 时胚胎死亡率最高（Bruzual等，2000）。最后，湿度影响家禽的健康。禽舍环境湿度过低时，会导致家禽鼻、气管和肺等呼吸道黏膜水分流失，降低呼吸道纤毛的功能。同时，湿度低导致舍内的粉尘颗粒增多，舍内微生物与粉尘颗粒形成气溶胶，经呼吸道进入体内，使家禽易发生支气管炎、肺炎等呼吸道疾病，以及大肠杆菌病（高玉臣，2007；魏凤仙，2012）。另外，湿度过低会影响雏鸡卵黄的充分吸收，严重时导致雏鸡脱水，如羽毛干燥、蓬乱，生长发育缓慢等；大量脱水，雏鸡还会出现肾肿和痛风。湿度过低也可导致育成期肉鸡的羽毛生长不良，发生家禽啄羽现象。禽舍环境湿度过高时，促进粪污、垫料等发酵，舍内有害气体浓度上升；高湿还能促进部分细菌、病毒等病原微生物及球虫的大量增殖，导致某些疾病的流行。

3. 通风　通风可以引进新鲜空气，排出舍内污浊空气，使蛋鸭生活在空气清新、温度适宜的环境中；同时适宜的通风可以提高蛋鸭散热速度，使蛋鸭的生理机能状态得到良好的改善。在生产现场要特别注意通风条件的控制，因为环境空气质量的好坏饲养员一般不易观察；而且空气质量差，一般不像温度对蛋鸭的影响那样明显，可能要几天或几周才能显现。

鸭舍通风量不足，会造成舍内有害气体浓度过高，导致蛋鸭出现缺氧症状，容易得多种呼吸道疾病或者其他传染病（应诗家等，2016）。通风量过大、过快，会使鸭舍温度浮动得快，进而影响蛋鸭生产性能，因此要保持适宜的通风量。在雏鸭阶段，鸭舍需要保持较高的温度，通风的同时要注意不能降低育雏舍温度，同时应注意防止穿堂风、贼风的侵入。随着蛋鸭日龄的增长，体重增加，二氧化碳排放量增高，蛋鸭需要的氧气量也相应增加；同时粪污发酵产生的有害气体也增加。因此，应逐步加大通风换气量，以保持舍内空气新鲜。

鸭舍的通风量会影响其他的环境因子，包括鸭舍的氨气浓度、温度、湿度、粉尘和有害菌含量等。通风换气能将舍内的有害气体、粉尘等排至舍外，同时还能对蛋鸭舍内的温湿度进行调节，为蛋鸭创造一个更加舒适的环境。当鸭舍通风不足时，氨气浓度升高会导致蛋鸭生产性能显著下降。有研究表明，当氨气浓度由 (0.17 ± 0.04) mg/kg 显著（$P<0.05$）升高至 (0.46 ± 0.07) mg/kg，蛋鸭产蛋率由 (75.45 ± 0.82)% 显著（$P<0.05$）下降至 (66.70 ± 0.81)%（戴子淳等，2019）。蛋鸭舍内气载有害菌和粉尘浓度随纵向通风进程持续升高，上层鸭笼大肠杆菌属细菌气溶胶浓度显著低于中层和下层（戴子淳等，2020）。在蛋鸭舍通风换气应当遵循一个原则，即保证舍内环境的稳定性。在炎热的夏季，可以通过提高鸭舍的空气流动速度来降低对蛋鸭的有效温度。空气运动速度提高了鸭体周围空气的对流，加快了蛋鸭呼出水分的蒸发，皮肤、羽毛的温差增大，因此提高了蛋鸭的散热速度。在寒冷的冬季，也要保持适量的通风，不能采取全封闭式饲养。通风换气的频率过低会导致舍内的粉尘颗粒和病毒微生物浓度不断升高，影响鸭蛋的生产性能和健康（雒江执等，2010）。

二、光照

禽类（尤其蛋禽）是光敏感动物，光照周期通过调节生理节律，对蛋禽的活动、生长发育、生产性能、健康福利发挥着重要作用。不同于温度、湿度和通风等其他环境因子，光照有一个独特的特点，即可以促使家禽性成熟，适宜的光照程序可以使家禽达到最大的生产性能。光照周期、光照度和光色等因素均会影响蛋鸭的生殖机能。自然光照下，夜间人工补光可增加蛋鸭采食量，进而提高产蛋率。在炎热的夏季，夜间加光可以使蛋鸭在相对凉快的午夜再进食，缓解热应激。此外，蛋鸭光照与养殖方式有直接的关系，对于开放式和半开放式鸭舍，采用传统的自然光照；对于封闭式鸭舍，完全采用人工照明，对蛋鸭的生产性能有明显的影响。

1. 光照周期　光照时间的长短与蛋鸭的性成熟日龄密切相关，光照时间过长，蛋鸭过早达到性成熟，导致蛋鸭开产早，开产时体重小，产蛋率低，高峰持续期短。封闭式鸭舍，6～15 周龄的蛋鸭推荐 8～10h/d 的光照时长；6～15 周龄，16.5～16.9h/d 的光照时长能改善蛋鸭的生产性能。开放式或半开放式鸭舍，采用早晚补充光照的方式。稳定的光照制度可减少蛋鸭的应激，因此不宜频繁变动光照时间，如在产蛋期光照时间突然改变，会导致蛋鸭产蛋率迅速下降，并且破损率增加。

2. 光照度　适宜的光照度有利于蛋鸭的正常生长发育，产蛋期蛋鸭光照度为 20 lx 较佳；过强的光照可使蛋鸭烦躁不安，造成啄癖、脱肛，影响产蛋性能。蛋鸭笼养模式中，应兼顾上下层蛋鸭对光照度的需求，合理布置光源位置，交错分布。同时采用稳定的光照制度，尽可能保持舍内光照度均匀。

3. 光色　禽类视觉敏感，可见波长为 400～770 nm 的光线，不同波长的光对光感受器的刺激不同，进而影响蛋鸭的繁殖性能和行为。目前绝大多数蛋鸭养殖场采用白炽灯或荧光灯，使用其他颜色光源多处于研究阶段，未见广泛应用。有研究表明，绿光对蛋鸭的产蛋性能有抑制作用，会使产蛋率下降，高峰期缩短。蓝光会诱发啄癖，如果舍内用红色灯泡照明，蛋鸭不易见到同伴身体上的红色出血部位，则可以减少啄癖的发生。

三、空气质量及微生物

鸭舍内影响空气质量的因子主要有：氨气、硫化氢、二氧化碳、一氧化碳和甲烷等。总体来说，有害气体会破坏宿主天然黏膜屏障，降低宿主对细菌、病毒的抵抗力，导致疾病的发生，同时降低饲料报酬，延迟性成熟，降低产蛋率。

1. 氨气 氨气对蛋鸭生产性能的影响未见到相关报道，而国外在鸡上的此类研究显示：氨气浓度不应超过 $20mg/m^3$，否则对鸡的生产性能及蛋品质都会产生不良影响。将蛋鸡在氨气含量为 $50\sim80mg/m^3$ 的环境中饲养 60d，其产蛋率下降了 9％；在 $100mg/m^3$ 的环境中饲养 70d，产蛋率由 81％下降到 68％，即使再将鸡转移到正常环境中也需要 84d 才能恢复正常。国内研究也表明不同氨气浓度（0、$64.65mg/m^3$、$129.3mg/m^3$）影响蛋鸡产蛋性能和蛋品质（郝二英等，2015a）。高浓度氨气环境降低肉鸡的抗氧化能力，影响鸡肉品质，且随氨气浓度的升高而逐渐增强，具有时间累加效应（邢焕等，2015）。高浓度氨气（$90\sim100mg/m^3$）显著降低不同品种鸡如 AA 鸡、科宝鸡和三黄鸡的日增重、日采食量和饲料转化率。笔者所在团队的初步研究表明，氨气对蛋鸭生产影响与蛋鸡类似，蛋鸭舍内，中浓度氨气（$32.94\sim65.88\ mg/m^3$）、高浓度氨气（$65.88\sim98.82mg/m^3$）条件下，短时间作用（24h 后）即显著降低蛋鸭产蛋率，氨气浓度越高，产蛋率下降越快；但随着氨气作用时间的延长，中、高浓度氨气环境中鸭群的产蛋率均有所回升，但产蛋率仍低于正常群体（氨气浓度 $6.59\sim13.18\ mg/m^3$）；同时，中、高浓度氨气环境都显著降低蛋鸭生产群体的鸭蛋蛋重、蛋壳品质、蛋形指数、哈氏单位等多个蛋品质指标。

2. 硫化氢 硫化氢比空气轻，无色，毒性较大，高浓度的硫化氢会直接抑制蛋鸭呼吸中枢，使产蛋量下降，引起窒息甚至死亡。在冬季，鸭舍内几乎检测不到硫化氢，因此危害较小。作者在多个鸭场均未检测到硫化氢或者仅检测到痕量浓度硫化氢。

3. 二氧化碳 二氧化碳是空气污染程度的一个间接指标。大气中二氧化碳的浓度对畜禽并没有影响，但由于鸡、鸭等呼吸排出的二氧化碳量大于其他家畜，如果鸭舍通风不良，二氧化碳浓度过高、持续时间过长则会造成缺氧，引起蛋鸭慢性中毒（呼吸性酸中毒，损伤肺组织），表现为精神萎靡、食欲减退、增重缓慢、体质下降、生产力降低、抗病力减弱等，这将大大影响蛋鸭的健康，降低养殖效益。

4. 粉尘及微生物 微生物是气溶胶的主要成分之一，高浓度的微生物气溶胶及其代谢产物被蛋鸭吸入到呼吸道黏膜上，从而诱发多种疾病；同时，气溶胶内的粉尘对人的呼吸系统也会产生一定影响，吸入多量的粉尘易引起人的过敏性鼻炎、支气管炎、职业病哮喘等（连京华等，2014）。蛋鸭生产过程中，舍内随着微生物气溶胶浓度的逐渐升高 [气载需氧菌为 $(0.46\sim2.30) \times 10^5 CFU/m^3$，气载革兰氏阴性菌为 $(0.20\sim2.04) \times 10^4 CFU/m^3$]，蛋鸭的日增重、胸肌率呈现下降趋势，料重比、死淘率呈大幅上升趋势。气溶胶气载革兰氏阴性菌及其分解产物（内毒素）与肉鸭的料重比、屠宰率和胸肌率等指标都有极强的相关性，而气载需氧菌只与死淘率有相关性，这可能是由于革兰氏阴性菌中包含大量的致病菌和条件致病菌的缘故。

四、养殖模式与养殖密度

1. 养殖设施及模式 蛋鸭的主导养殖模式能反映行业的发展水平。一直以来，对蛋鸭养殖模式的探索从未停止过，尤其是近年来开展了大量关于立体笼养等新模式的探索工作，对比研究了不同养殖模式对蛋鸭健康和生产性能的影响，评价了不同养殖模式的生态环保意义和推广应用价值。

（1）养殖模式　网床小栏饲养、笼养模式下开产蛋鸭群体发生疫病的种类相对于舍内地面加水域圈养、地面纯旱养模式更少（傅秋玲等，2017）；喷淋平养旱养、笼养蛋鸭死亡率显著低于传统水面圈养蛋鸭，但蛋品质均无显著差异，传统水面养殖与喷淋地面旱养模式下种蛋的受精率、孵化率无差异（江宵兵等，2010）；网床养殖和双笼笼养组鸭蛋蛋品质与营养成分均优于传统放牧散养模式（林勇，2017）；与传统水面养殖模式比较，人工小池地面旱养模式（瞿双双，2014）下蛋鸭的产蛋性能无显著差异，管道喷淋地面旱养模式（江宵兵等，2010；顾春梅等，2011）下蛋鸭的产蛋数、产蛋率和料蛋比显著更优，养殖成本明显减少，养殖效益更高；与传统水面养殖模式比较，喷淋发酵床旱养蛋鸭5%产蛋率和50%产蛋率日龄显著提前，蛋重显著更高（林勇，2017）；与传统水面养殖模式比较，笼养蛋鸭500日龄产蛋数和料蛋比均显著更优，但蛋品质几乎无差异（景栋林等，2013）；相对地面纯旱养，双笼笼养蛋鸭的产蛋数和饲料报酬更高，破蛋率和双黄蛋率更低（赵伟等，2016）；与人工水池旱养模式、深水槽旱养、地面纯旱养模式相比，喷淋地面旱养组的产蛋率、饲料转化率、蛋品质指标均明显更优（李桂明等，2011）。与传统水面养殖模式比较，人工小池地面旱养模式（瞿双双，2014）、喷淋地面旱养（江宵兵等，2010；顾春梅等，2011）、喷淋发酵床旱养（林勇，2017）、立体笼养（景栋林等，2013）模式不仅能获得优良的产蛋性能，还能节约用水，实现污水零排放或减少污水排放，减少对环境的污染，环保意义重大；但是人工小池地面旱养模式（瞿双双，2014）和纯地面旱养模式一样，蛋鸭饲养环境差，脏蛋多，蛋品质差，蛋鸭疫病防控风险更高。与传统蛋鸭养殖模式相比，笼养养殖方式更有利于环境保护和清洁生产，可提高单位面积鸭舍利用效率，生产效率提高 1 倍以上，且鸭蛋产品干净卫生，延长保鲜时间，提高鸭蛋外观质量，减少蛋制品加工过程的洗蛋工艺，节省生产成本；此外笼养蛋鸭还有利于提高饲料转化率（赵小丽，2018）。笼养蛋鸭产蛋率较传统养殖模式高 3%～5%，且鸭蛋品质好，保存期更长；同时在生产效益方面，笼养蛋鸭在饲料方面较传统养殖模式节省饲料 10% 以上，且可以及时淘汰产蛋量低的蛋鸭，维持蛋鸭高产蛋水平，节省日常开支，还可减少人力和管理成本（肖丽兰等，2013）。

但也有不同的研究结果。对比山麻鸭 135 日龄、500 日龄产蛋性能发现，单笼饲养组产蛋率最高，放牧散养和舍内平养居中，而双笼饲养产蛋率最低、料蛋比最高（黄江南等，2013）。研究结果的差异可能与不同研究中蛋鸭品种、季节和温度、饲养管理水平的差异有关。

（2）养殖设施　提高蛋鸭笼养的设施化和自动化水平，可适当解决蛋鸭笼养中的热应激问题。产蛋期高温热应激可降低血浆中抗氧化酶活性，下调下丘脑抗氧化酶基因表达，减少蛋鸭采食量（Xi L 等，2018）；笼养蛋鸭上笼前期应激较大，死淘率高，开产体重更低，5% 产蛋率和 50% 产蛋率日龄被推迟（景栋林等，2013）；冬春季节，山麻鸭网上平养的产蛋性能显著优于双笼笼养，而夏秋季节笼养显著优于网上平养，这可能是由于不同季节条件下，不同饲养模式蛋鸭热应激与鸭舍环境受外界气候影响的综合效应不同所致；温控笼养组采食量略高于普通笼养组，产蛋率和蛋重显著高于普通笼养组，提示温控笼养可有效降低笼养蛋鸭夏季热应激，提高蛋鸭产蛋性能（刘雅丽等，2011），蛋鸭普通笼养温度的总体趋势比普通平养高，而夏季高温条件下，温控笼养蛋鸭的生产性能与传统平养无差异，但高于普通笼养。因此，夏季利用风机、湿帘等自动化通风降温设备开展温控笼养，可有效缓解蛋鸭热应激，保证蛋鸭夏季生产性能正常发挥。

现代蛋鸭养殖已逐步发展自身智能化配套产业，转化养殖模式，大力发展智能蛋鸭养殖。蛋鸭智能化养殖系统通过系统集成的生态化养殖，可实现保护环境、节约资源和能耗，提高生产效率，增强养殖管理能力，提高养殖企业的综合竞争力的目标。蛋鸭养殖信息化对家禽产业现代化的带动作用主要表现为优化资源配置、提高资源利用率，从而降低生产边际成本，提高生产管理和经营管理水平，促进相关产业研发和发展，加快科学技术的传播和推广，促进蛋鸭养殖生产方式的变革，推动农业科技进步，提高农民的整体素质，加快蛋鸭养殖产业化进程，保持养殖产业的可持续发展（苏响，2020）。

（3）各类养殖模式比较　相对于原始水面放养和传统圈养存在土地利用率不高、水源污染严重、污染物产出高、产蛋性能受环境影响大以及鸭蛋污染等问题，笼养和网床养殖在配备了湿帘、风机降温设备，实现了饮水、喂料、清粪、通风、集蛋的自动化后，均可确保鸭舍内小环境的稳定舒适，提高土地利用率和人工工作效率，确保防疫效果和生物安全，提高蛋鸭生产性能和鸭蛋品质，利于粪污无害化处理，实现蛋鸭生产的提质增效、环保生态。而笼养与网床养殖相比较，网床平养不仅存在饲料消耗更多、饲料转化率低、网床清洁消毒难以及免疫操作困难等问题，其人工、土地利用率仍与笼养存在较大差距。网上平养的单人饲喂量为2 000～2 500只蛋鸭，笼养在5 000只以上；而笼养单位建筑面积的饲喂量是网上平养的1.5倍，是地面平养的2～2.5倍。因此，蛋鸭笼养是开展规模化、集约化、设施化蛋鸭生态养殖，实现产业转型升级的良好选择。

蛋鸭笼养已在浙江、福建、江苏、江西等主产区已形成了笼养生产示范的良好局面，但蛋鸭笼养也存在自身的问题。首先，前期圈舍和设备投入大，这是蛋鸭笼养难以推广的难题之一。其次，笼养存在蛋鸭活动量少、体质弱、应激大的问题。另外，还需要研发蛋鸭专门化、标准化系列笼具，筛选和培育适宜笼养的蛋鸭品种，研发笼养专用全价配合饲料，集成规模化笼养配套技术等。以上问题，从业者都应该有清楚的认识。另外，禽类产蛋性能属于低遗传性状，受环境因素的影响极大。圈舍自然通风时，冬春季节采用网上平养方式，夏秋季节采用笼养模式更有利于蛋鸭产蛋性能的发挥。因此，从业者应根据自身经济实力，综合考虑圈舍类型、季节和温度、蛋鸭品种因素，选择适宜的饲养模式。

生态循环养殖模式中将沼气发酵或罐式发酵工艺应用于蛋鸭舍内养殖中，对粪污进行无害化处理和循环利用，是对立体笼养、网床养殖等养殖模式的补充。虽然稻鸭共育等生态循环养殖模式不适合大规模生产，但适合水田和水域较多的南方地区，能发挥蛋鸭除草、捕虫、增氧、施肥的作用，降低种养成本，提高养殖产量，增加土壤肥力和水体净化能力，实现氮磷循环，减少环境污染，具有较好的环保意义。蛋鸭的生态循环养殖模式是现阶段蛋鸭养殖模式的补充，具有较好的环保意义，真正做到了现代蛋鸭的生态养殖。

2. 养殖密度 笔者所在团队研究发现，低密度饲养有利于青年蛋鸭的生长发育和性成熟；而高密度饲养显著影响了青年蛋鸭增重，并会提高群体死亡率，推迟产蛋日龄，显著降低早期产蛋性能。因此，金定鸭采用网上平养的适宜饲养密度，7～14 周龄在 17 只/m² 以下，15～19 周龄在 14 只/m² 以下，19 周龄不能超过 8 只/m²。对青年蛋鸭血压生活指标的研究发现，高密度饲养导致蛋鸭应激和炎症反应，影响卵巢发育；低密度饲养，有利于卵泡发育和营养物质合成。而对于产蛋鸭，高密度饲养推迟开产日龄，降低入舍鸭产蛋率和饲料报酬，提高死亡率；低密度饲养（4 只/m²）的平均蛋重更轻，蛋壳强度和蛋壳厚度最差，破蛋率最高；4 只/m²组的生产性能最优，5 只/m²、6 只/m² 组次之，7 只/m²、

8 只/m² 组较差，且当饲养密度增加到 8 只/m² 时，母鸭体重会变轻，不利于产蛋性能发挥。因此，网上平养金定鸭，产蛋期最适宜饲养密度为 4 ～5 只/m²。

我国制定了多个国家、行业或地方标准对蛋鸭养殖密度等进行了规范，部分蛋鸭养殖试验也给出了相关建议，并获得了相关饲养技术参数。

(1) 不同蛋鸭品种的养殖密度参数　由表 1-1 可见，不同蛋鸭品种的养殖密度参数可以分以下几种情况：

①龙岩山麻鸭、绍兴鸭、金定鸭等蛋鸭品种　育雏期采用地面平养，饲养密度 1～14 日龄为 25～35 只/m²，15～28 日龄为 15～25 只/m²，每群 200 只左右为宜，或采用网上分栏饲养，2～3 周分栏，每栏 50～70 只；育成期则采用圈养或放牧或二者相结合的方式饲养，饲养密度为 8～15 只/m²；产蛋期采用圈养或网上饲养，饲养密度为 7～8 只/m²。

②巢湖鸭　青年鸭采用舍饲或放牧方式，舍饲水面和运动场面积分别为鸭舍的 1.5～2 倍，饲养密度 31～70 日龄为 10～15 只/m²，71 日龄至开产为 7～10 只/m²。

③高邮鸭　育雏期采用地面平养，饲养密度 1 周龄为 20～30 只/m²，2 周龄为 10～15 只/m²，3 周龄为 7～10 只/m²，或采用网上饲养，饲养密度 1 周龄为 30～50 只/m²，2 周龄为 15～25 只/m²，3 周龄为 10～15 只/m²；育雏后期和育成期采用圈养或放牧，饲养密度 4 周龄为 8～10 只/m²，5 周龄为 7～8 只/m²，7～8 周龄为 5～6 只/m²；产蛋期也采用圈养或放牧，饲养密度为 6 只/m²。

④白嗉黑鸭　若采用网上养殖，饲养密度从 1 周龄的 30 只/m² 开始，每周减少 5 只/m²，至 5 周龄为 10 只/m²，6 周龄以后为 8 只/m²；或采用地面平养，饲养密度从 1 周龄的 25 只/m² 开始，每周减少 5 只/m²，至 4 周龄为 10 只/m²，5 周龄为 8 只/m²，6 周龄以后为 6 只/m²。成年鸭每群 300～500 只。

表 1-1　不同蛋鸭品种养殖密度参数

品种	养殖密度
龙岩山麻鸭、绍兴鸭、金定鸭等蛋鸭品种	育雏期：地面平养，饲养密度 1～14 日龄为 25～35 只/m²，15～28 日龄为 15～25 只/m²；网上分栏饲养，2～3 周分栏，每栏 50～70 只 育成期：圈养或放牧或二者相结合的方式饲养，饲养密度为 8～15 只/m² 产蛋期：圈养或网上饲养，饲养密度为 7～8 只/m²
巢湖鸭	青年鸭采用舍饲或放牧方式，饲养密度 31～70 日龄为 10～15 只/m²，71 日龄至开产为 7～10 只/m²
高邮鸭	育雏期：地面平养，饲养密度 1 周龄为 20～30 只/m²，2 周龄为 10～15 只/m²，3 周龄为 7～10 只/m²；网上饲养，饲养密度 1 周龄为 30～50 只/m²，2 周龄为 15～25 只/m²，3 周龄为 10～15 只/m² 育成期：圈养或放牧，饲养密度 4 周龄为 8～10 只/m²，5 周龄为 7～8 只/m²，7～8 周龄为 5～6 只/m² 产蛋期：圈养或放牧，饲养密度为 6 只/m²
白嗉黑鸭	网上养殖，饲养密度从 1 周龄的 30 只/m²开始，每周减少 5 只/m²，至 5 周龄为 10 只/m²，6 周龄以后为 8 只/m²；地面平养，饲养密度从 1 周龄的 25 只/m²开始，每周减少 5 只/m²，至 4 周龄为 10 只/m²，5 周龄为 8 只/m²，6 周龄以后为 6 只/m²

（2）不同养殖模式的饲养密度参数　由表 1-2 可见，不同养殖模式的饲养密度参数可以分以下几种情况：

①舍内平养模式　育雏期采用地面平养和网上平养，饲养密度 2 周龄内为 20 只/m²，3～4 周龄为 10～15 只/m²，每群 300～500 只；育成期和产蛋期均是舍内养殖，同时配备陆上和水上两个运动场，面积分别为鸭舍的 1.5～2 倍；育成期饲养密度 29～70 日龄为 10～15 只/m²，71 日龄至开产为 7～10 只/m²，每群数量为 1 500～2 000 只；产蛋期要划分养殖单元，每个养殖单元实用面积为 500m²，饲养产蛋鸭 3 500 只，饲养密度为 5～7 只/m²。

②立体笼养模式　雏鸭至青年鸭阶段采用地面垫料平养或放牧饲养，开产前 15～20d 转到笼上，笼养饲养密度为 12～14 只/m²，每小笼 2 只。

③鸭与其他生物共育模式　绍兴鸭、缙云麻鸭等体型较小、抗病力强并适宜于放牧饲养的中小型品种，放养密度早稻田为 13～

16 只/km²，晚稻田为 10～12 只/km²，采用分区或按田块集中放养，防止鸭群过大。另外，有研究建议划分养殖单元开展稻鸭共育，以 3 km² 为一个养殖单元，蛋鸭放养密度为 15～18 只/km²，群体不宜超过 120 只；菱鸭共育模式，蛋鸭养殖密度为 10～16 只/km²；鸭鱼共育模式，池塘水深 3～4m，面积为 20～70/km²，以鲢、鳙为主，养殖密度鱼为 130 只/km²，蛋鸭为 130～160 只/km²，池塘旁边配套面积为 250～300m² 的干燥鸭棚，供 2 000～2 500只蛋鸭使用。

表 1-2　不同养殖模式饲养密度参数

养殖模式	饲养密度
舍内平养（育成期及产蛋期配有陆上和水上两个运动场）	育雏期：地面平养或网上平养，饲养密度 2 周龄内为 20 只/m²，3～4 周龄为 10～15 只/m²
	育成期：饲养密度 29～70 日龄为 10～15 只/m²，71 日龄至开产为 7～10 只/m²
	产蛋期：饲养密度为 5～7 只/m²
立体笼养	雏鸭至青年鸭阶段采用地面垫料平养或放牧饲养，开产前 15～20d 转到笼上，笼养饲养密度为 12～14 只/m²，每小笼 2 只
鸭与其他生物共育	中小型品种，放养密度早稻田为 13～16 只/km²，晚稻田为 10～12 只/km²　稻鸭共育：以 3 km² 为一个养殖单元，蛋鸭放养密度为 15～18 只/km²，群体不宜超过 120 只
	菱鸭共育模式：蛋鸭养殖密度为 10～16 只/km²
	鸭鱼共育模式：池塘水深 3～4m，面积为 20～70/km²，以鲢、鳙为主，养殖密度鱼为 130 只/km²，蛋鸭为 130～160 只/km²

3. 群体规模　笔者所在团队研究发现小群体（40 只和 60 只）饲养有利于青年蛋鸭体重增加和早期产蛋性能发挥，但可能因为可用活动空间小，导致打斗行为和应激增加，最小群体（40 只）死亡率显著高于较大群体（90 只和 120 只），因此金定鸭适宜的网上平养饲养规模，7～14 周龄为 60～90 只/群，15～19 周龄为 40～60 只/群。而对于产蛋鸭，30 只/群组产蛋率、饲料报酬和破蛋率均最高，20 只/群组的产蛋率最低，料蛋比最高，因此金定鸭网上饲养的适宜规模，产蛋期为 30 只/群。

28

　　我国现行的蛋鸭技术标准中，有部分标准对蛋鸭不同生长阶段的养殖模式给出相应的群体规模建议，但我国尚无专门针对蛋鸭群体规模的研究报道，一般认为蛋鸭水域放养每群不超过 1 000 只，而圈养为每群 2 000～3 000 只。对于网床养殖、发酵床养殖等新型养殖方式，目前无群体规模的相关研究建议；而立体笼养采用的是每笼 1～3 只的小笼饲养，群体规模仅与禽舍面积和容量有关。

第二章
蛋鸭饲养环境参数

第一节　蛋鸭饲养环境参数研究进展

一、温热参数

1. 温度　蛋鸭的生理机能受环境因素影响很大，其中环境温度是非常重要的因素之一。不同的环境温度对蛋鸭的生理机能、行为活动等的影响也会因蛋鸭品种、年龄、体重及对温度耐受力的不同而有所差异，当环境温度过高或过低时，蛋鸭的生产性能、机体的各项机能都会受到不同程度的影响。

（1）高温

①对繁殖性能的影响　多年来，研究者在研究高温环境对不同禽类品种生产性能的影响时发现，高温对火鸡、肉鸡和蛋鸡的生产性能均有不利影响。其中高温环境可造成蛋鸡体重减轻、产蛋率下降、平均蛋重降低、蛋壳品质变差（Muiruri 等，1991）。高温导致蛋禽采食量减少，是影响蛋禽生产性能的主要因素；另外，高温会影响蛋禽内分泌机能和物质代谢，改变体内血液生化指标，进而影响蛋禽产蛋性能。高温可诱导蛋禽体内发生一系列生理学变化，从而使得蛋变小、蛋品质下降（Usayran 等，2001）。在高温环境中，

禽类通过喘息散热，使血液中 CO_2 含量降低，从而造成呼吸性碱中毒，最终导致血液中钙离子浓度降低，容易产软壳蛋和畸形蛋。

禽类的生殖器官发育、性成熟和产蛋都受到下丘脑-垂体-性腺轴的调控，下丘脑通过分泌促性腺激素释放激素（GnRH）来促进垂体释放卵泡刺激素（FSH）和促黄体生成素（LH）。FSH 主要促进卵泡发育成熟，LH 主要促进排卵，而雌激素和孕酮的分泌需要 FSH 和 LH 共同调控，家禽的排卵主要是由 LH 周期性释放引起。相关研究报道，蛋鸡产蛋期 FSH 水平与产蛋率呈正相关，而高温环境对蛋鸡生殖激素分泌水平和卵巢的功能均有影响。研究发现，将来航鸡进行高温暴露处理后，都会导致蛋鸡体内卵巢重量、大卵泡数量显著降低，并且血浆中孕酮、睾酮水平以及类固醇激素合成酶 mRNA 的表达水平显著降低（Rozenboim 等，2004），从而导致卵巢机能下降、卵泡发育受阻、产蛋率降低。因此，高温环境也可通过影响内分泌系统来降低蛋鸭的产蛋率和品质。

②对采食量的影响　当环境温度升高时，机体散热加强，并且抑制产热，基础代谢所需的能量减少，在一定程度上降低了摄食中枢的兴奋性，导致蛋鸭采食量减少。在摄食中枢受到抑制的同时，饮水中枢兴奋性却提高，导致饮水增加，从而使嗉囊内部感受器受到压迫而兴奋，摄食中枢进一步受到抑制，采食量进一步减少。在对蛋鸡的研究中发现，当环境温度处于 21～30℃ 范围时，环境温度每升高 1℃，蛋鸡的采食量下降 1.5%；当环境温度处于 32～38℃ 时，环境温度每升高 1℃，蛋鸡的采食量下降 4.6%。而在低温环境下，家禽的采食量随着温度的降低而增加，其原因是在低温环境下，家禽机体热量流失增加，因此需要摄入更多食物来产热。针对肉鸡的相关研究表明，肉鸡的采食量和环境温度呈负相关，环境温度越低，肉鸡的采食量越大。

③对消化、吸收的影响　高温除可以影响蛋鸭的采食量外，还可以降低蛋鸭的饲料消化吸收率。相关研究表明，环境高温可以影

响家禽肠道的绒毛高度和隐窝深度，导致空肠绒毛高度降低、体积缩小以及小肠黏膜上皮细胞的坏死和脱落，从而干扰肠道对营养物质的消化和吸收（丁金雪等，2018）。最终导致家禽摄取的营养物质不能满足机体生长、发育和维持自身代谢的需求，降低生产性能。另外，环境高温还影响肠道黏膜的完整性，增加感染病原微生物的概率。多个研究发现，热应激后蛋鸡和肉鸡血浆中内毒素含量显著升高，其原因是因为高温环境降低了肠道黏膜的完整性，导致黏膜通透性增加。宁章勇等发现，持续 34.5℃高温可导致肉鸡肠绒毛断裂，胃肠黏膜上皮细胞脱落，破坏腺胃、十二指肠、空肠和回肠黏膜结构的完整性，从而降低营养物质的吸收效率（宁章勇等，2003）。

除此之外，高温还可以通过影响蛋鸭肠道消化酶的活性，进而影响蛋鸭的消化吸收功能。研究发现，32℃高温处理 5d 后，肉鸡小肠液中的胰蛋白酶、胰糜蛋白酶和淀粉酶的活性分别降低37.3％、37.9％和24％（林海等，2001）。Osman 等研究了高温环境下胰腺和小肠淀粉酶活性的变化，发现蛋鸡在高温应激第 1 天，十二指肠和空肠淀粉酶活性升高，回肠淀粉酶活性下降，同时胰腺淀粉酶活性降低，推测高温能够促进胰腺合成的淀粉酶进入消化道，进而引起消化道前段淀粉酶活性升高；马爱平等报道了 28 日龄肉鸡在 27～33℃持续高温环境下胰腺和小肠消化酶活性的变化，发现十二指肠、空肠、回肠中淀粉酶和胰蛋白酶的活性显著降低，而胰腺中淀粉酶和胰蛋白酶的活性显著升高（马爱平，2014）。其他研究也发现肉鸡在 35℃高温条件下热应激 4h 后，胰腺淀粉酶活性显著升高，而胰腺脂肪酶和蛋白酶的活性没有变化。这些结果均表明，持续高温或急性高温应激可降低家禽小肠消化酶活性，但随着应激时间的延长，家禽可能通过提高胰腺消化酶的合成，逐渐提高消化道的酶活性。因此，高温环境可通过影响蛋鸭消化道结构和消化酶的活性来降低蛋鸭对饲料的消化吸收效率。

④对健康的影响　目前，高温对家禽免疫功能的影响已逐渐被证实，其主要影响是使家禽的免疫功能降低。一方面，高温环境可减少循环白细胞数量，增加异嗜细胞数量，从而使得异嗜细胞与淋巴细胞比值升高（Al-Aqil 等，2013）；另一方面，高温会影响家禽免疫器官的生长发育，使得免疫器官指数降低，并且在免疫应答过程中，免疫球蛋白含量及抗体水平也随之降低，从而导致家禽不能产生有效的免疫应答保护能力。在高温环境下，可引起家禽的内源性糖皮质激素增加，从而使淋巴组织中糖、蛋白质等代谢受到抑制，造成淋巴细胞增殖障碍和淋巴组织退化。研究表明，糖皮质激素对免疫功能有着极为广泛抑制作用，具体表现在：糖皮质激素可促进淋巴细胞的凋亡，尤其是胸腺内未成熟淋巴细胞的凋亡，导致胸腺萎缩；降低淋巴细胞自血液中进入淋巴结的数量，降低有丝分裂原引起的 T 淋巴细胞增殖反应，减弱 T 淋巴细胞的趋化及游走性，高浓度的糖皮质激素还能杀死小淋巴细胞；糖皮质激素还可以减少骨髓中成熟 B 淋巴细胞的数量，抑制脾脏中的 B 淋巴细胞对脂多糖（LPS）的反应，调节自然杀伤细胞的功能；降低血液中单核细胞及嗜酸性粒细胞数量，并抑制单核细胞转变为巨噬细胞，同时可抑制巨噬细胞对抗原的吞噬和处理，降低其 IL-1 的分泌；还可以与胞浆的特异性受体结合形成激素受体复合体进入细胞核而改变特异酶的活性，从而抑制自然杀伤细胞活力，抑制抗体、淋巴细胞激活因子和细胞因子的产生。另外，高温环境对甲状腺功能的抑制作用，导致甲状腺激素分泌减少（顾宪红等，1995），进而影响蛋白质的合成，使血液总蛋白、白蛋白及免疫球蛋白水平显著下降。甲状腺激素可促进淋巴细胞对丝裂原的增殖反应，刺激胸腺细胞的成熟和分化，其中 T3 可增加胸腺上皮细胞，并增大髓质体积，而 T4 可提高外周血淋巴细胞数量，特别是 T 淋巴细胞数量。因此，高温环境对甲状腺功能的抑制作用，也造成了机体的免疫抑制作用。研究表明，35℃高温条件下可显著降低蛋鸡血液中 IgA、

IgM、IgG 等免疫球蛋白的水平，并且胸腺指数、法氏囊指数和脾脏指数分别下降 38.5％、38.9％ 和 7.4％（Niu 等，2009）。此外，热应激引起的肾上腺素分泌增加也是造成免疫抑制的重要原因之一，肾上腺素可降低 T 淋巴细胞对丝裂原刺激的增殖反应，降低体液免疫应答，导致免疫球蛋白合成减少，从而导致机体产生免疫抑制。

细胞因子作为机体的一种重要免疫分子，主要介导和调节免疫应答及炎症反应，其中 IL-1 和 IL-6 是炎症起始阶段重要的致炎因子，在感染早期应答中发挥重要作用。适量的细胞因子可以提高机体免疫机能，但过多可加重炎症反应，对机体组织造成损伤，而高温环境下会导致 IL-1β 和 IL-6 分泌增加，从而造成组织损伤（Appels 等，2000）。

高温还可以影响家禽体内溶菌酶的含量。研究发现，在高温环境条件下，家禽血清中溶菌酶含量显著降低，使得家禽对细菌和病毒的非特异性抵抗力下降，增加感染细菌性疾病的风险。另外，高温可以影响家禽肠道微生物的组成和结构以及家禽的肠道黏膜免疫，相关研究结果表明，热应激可以降低肉鸡肠道内乳酸杆菌和双歧杆菌的活菌数，使大肠杆菌和梭菌的活菌数量增加，并且使肠道黏膜免疫功能降低，从而增加家禽感染疾病的风险。除此之外，高温还可以影响家禽的抗氧化能力，高温环境下家禽体温升高，可进一步影响机体的过氧化反应，导致体内自由基急剧增加或是抗氧化体系的抗氧化能力减弱，脂质过氧化水平增加，引起组织的氧化损伤，从而影响家禽的健康。

⑤对代谢的影响　研究表明，高温环境会引起动物机体血清中 T3 和 T4 甲状腺激素水平下降，雏鸡在 24.4℃ 环境中甲状腺的分泌率是 40.6℃ 环境中的 2.5 倍，其原因可能是高温抑制了甲状腺细胞的增生及活动，使甲状腺重量明显减少，分泌活动减弱（顾宪红等，1995）。甲状腺激素是动物机体维持基础代谢的重要激素，

也是动物调节产热以维持体内热平衡的重要激素，具有加强组织代谢，促进糖类吸收、利用和糖异生，加速脂肪分解，促进蛋白质合成等作用。高温条件对甲状腺的抑制作用，会对动物机体代谢活动造成严重的危害。动物在应激时，下丘脑产生的促肾上腺皮质激素释放激素（CRH）通过垂体促肾上腺皮质激素（ACTH）调节肾上腺皮质激素的分泌，ACTH促进体内储存的胆甾醇在肾上腺皮质中转化成肾上腺皮质醇（酮），并刺激肾上腺皮质分泌激素，参与应激反应。研究报道，在高温条件下，蛋鸡血浆中皮质酮的浓度明显上升，随着环境温度的升高，血浆皮质酮先升高后降低，其变化规律与肾上腺重量的变化一致，说明皮质酮的合成在逐渐减少。另外，高温应激条件下，交感神经兴奋，肾上腺髓质释放大量儿茶酚胺，肾上腺皮质激素分泌增加，血液中的皮质醇浓度升高，从而促进机体糖、蛋白质和脂肪的分解。热应激诱导肾上腺素、去甲肾上腺素及糖皮质激素等分泌的升高，会抑制胰岛素的分泌活动，导致胰岛素分泌减少，从而抑制糖原、脂肪和蛋白质的合成。因此，高温环境可通过改变激素分泌活动而导致禽类的料重比增加，饲料消耗增多，影响其生产性能。

⑥对抗氧化性能的影响　正常生理状态下，动物机体内自由基的产生、利用和清除保持动态平衡状态。自由基清除主要依靠体内超氧化物歧化酶（SOD）、谷胱甘肽过氧化物酶（GSH-Px）等各类抗氧化酶，这些酶不但协同作用防止氧自由基的堆积，而且还有相互保护的作用。相关研究表明，高温条件下，SOD和GSH-Px等过氧化物酶的活性会降低，而丙二醛（MDA）含量升高，机体总抗氧化能力下降。将蛋鸡置于30℃环境条件下饲养16h后，蛋鸡血清中SOD、GSH-Px活性及MDA水平显著升高，说明在该温度条件下机体对高温环境造成的过氧化反应具有较强的适应调节能力；而将蛋鸡置于40℃环境下4h后，血清中的SOD和GSH-Px酶活性显著下降，MDA水平显著升高，表明在此条件下机体已不

能通过调节 SOD 和 GSH-Px 的活性来有效地消除体内的自由基，导致体内自由基的堆积和组织的氧化损伤（高玉鹏等，2001）。

（2）低温　低温对蛋鸭的影响是多方面的，一方面使机体产热增加，饲料消耗增加，饲料利用率下降；另一方面影响蛋鸭的产蛋率和种蛋的受精率。除此之外，低温应激还可以导致家禽的抵抗力减弱，从而容易诱发呼吸道和消化道疾病。蛋鸭的采食量随环境温度降低而增加，但大部分用于产热供维持需要，只有很少部分转化为脂肪沉积于动物体内，从而导致饲料转化率的下降。寒冷应激在我国北方地区对家禽产蛋性能的影响最为明显，鸭舍温度过低时，蛋鸭的产蛋率会急剧下降甚至停产。其原因可能是因为寒冷应激导致蛋鸭新陈代谢和神经内分泌机能发生改变，机体内能量代谢增强，产生大量自由基，抑制下丘脑-垂体-性腺系统，从而导致 FSH 和 LH 分泌减少，导致卵巢活动减弱、产蛋减少甚至停止产蛋。另外，低温应激还可以影响家禽的免疫功能。研究发现，冷应激不但可以抑制淋巴细胞 DNA 合成，阻碍其增殖，抑制淋巴细胞吞噬和酶解抗原，还可以抑制浆细胞免疫球蛋白的合成和分泌，从而使机体的免疫功能降低。在冷应激过程中，还会引起机体异常自由基反应，而机体产生过多的自由基会对机体产生相应的氧化损伤。

①蛋鸭冷应激反应的神经机制　动物在冷应激的情况下，中枢肾上腺素能神经元被激活，引起交感神经的活动加强，使外周神经和交感-肾上腺髓质系统处于长时间的激活状态，肾上腺素和去甲肾上腺素的合成、释放增强，使动物的神经-内分泌系统和免疫功能之间产生联系，构建了一个完整的神经调节网络。动物在冷应激的环境下，早期主要生理反应是增加产热，保持体温的恒定。一般在几分钟后就可出现血浆糖皮质激素水平升高，这是由于肾上腺皮质束状带糖皮质激素合成加速、释放增加的结果。

②对蛋鸭生产性能的影响　寒冷可影响蛋鸭采食量、消化率、能量和蛋白质贮存及营养分配。寒冷应激等生理异常的情况会引起

动物体内电解质、酸碱失衡以及内分泌的机能发生变化，进而使动物的采食量降低，导致营养摄入不足。蛋鸭的维持需要随环境温度降低而升高，低温时的饲料转化率降低，维持需要增加，虽然寒冷条件能使采食量增加，然而却不能弥补能量及营养源的不足，从而分解体内能量储备、引起体重下降。寒冷应激还可导致产蛋量降低，在分解体内能量储备、营养供给不足时更为明显。研究证实，蛋鸡在7℃以下低温条件，产蛋率显著降低；当舍温降低到−2℃时，难以维持正常产蛋高峰；进一步下降到−9℃时，蛋鸡的活动迟钝，产蛋率迅速下降。

③对能量代谢和物质代谢的影响　家禽体热平衡是通过周围环境温度对家禽生产性能及生理机能的影响实现的，在冷应激条件下，温度对机体能量代谢影响极为明显。暴露在寒冷环境中时，蛋鸭的代谢能增加，同时代谢产热率提高。动物机体的主要能量来源是脂肪组织中脂肪酸的氧化分解，在寒冷条件下，机体的促肾上腺皮质激素、促甲状腺素、肾上腺素、去甲肾上腺素和胰高血糖素促进机体的脂肪分解成脂肪酸。实际的日粮能量主要从产蛋转向产生大量的体热，以保持体温的稳定。若机体的产热量不足，会导致生长发育的继发性改变及疾病的发生，甚至导致死亡。

④对免疫系统的影响　相关研究报道，动物机体在发生强烈的应激反应后，胸腺、脾脏和淋巴结出现明显的萎缩，外周血淋巴细胞数量急剧减少；并且在发生应激的时候，机体内杀伤细胞的细胞杀伤活性下降，对靶细胞的攻击力降低。冷应激抑制淋巴细胞的有丝分裂和DNA合成，特别是T淋巴细胞尤为敏感；还可以损伤浆细胞，导致免疫球蛋白的合成和分泌受阻，同时抑制巨噬细胞对抗原的吞噬和处理，对机体的免疫功能造成损伤。长期冷应激对免疫功能的影响主要是抑制性的，冷应激时血清中出现多种免疫抑制因子，可刺激动物机体生成多种血清免疫抑制因子，可抑制IL-2、肾上腺糖皮质激素及前列腺素的产生。另外，冷应激可降低淋巴细胞

对植物血凝素（PHA）的增殖反应，并减弱 B 细胞对促有丝分裂素（PWM）刺激的增殖反应，减弱脾脏中自然杀伤细胞的活性。

2. 湿度 相对湿度作为温热环境的重要因素之一，与温度一起共同影响蛋鸭的热平衡状态。高温环境下，高湿会阻碍蛋鸭的水蒸发散热，导致散热受阻，影响蛋鸭的体温恒定、酸碱平衡，进而影响蛋鸭的健康状态和生产性能。

（1）对体温调节的影响 在研究湿度对肉鸡的影响时发现，当温度处于肉鸡热中性区温度之上时，随着湿度增加，肉鸡的体温也随之升高。家禽呼吸系统的主要功能，一是给机体提供氧气并排出机体代谢产生的 CO_2；二是通过水蒸发散热。在高温环境中，家禽可通过水蒸发来增加散热，最显著的变化是加快呼吸道黏膜的水蒸发，当相对湿度增加时，会阻碍水蒸发散热，导致家禽体温升高，从而影响家禽的健康状况。

（2）对生产性能的影响 湿度通过影响机体蒸发散热，使机体体温升高，进而影响卵泡发育和精液品质；湿度增加，机体对温度的耐受度降低，蛋鸭在生产中所能耐受的最高温度随湿度的增加而下降。相关研究表明，蛋鸡的繁殖率与相对湿度呈明显的负相关，冬季湿度在 85％以上，对产蛋有不良影响。蛋鸡饲养的上限温度随湿度的升高而下降，相对湿度为 30％时，上限温度为 33℃；相对湿度为 50％时，上限温度为 31℃；相对湿度为 75％时，上限温度为 28℃。超过这个范围，无论如何配合日粮，都不能避免产蛋量的下降。

（3）对健康的影响 高湿环境中，蛋鸭的抵抗力降低，有利于饲料和环境中细菌及霉菌等病原微生物繁殖，易诱发各种疾病；另外，在低温高湿条件下，蛋鸭易患各种呼吸道疾病、关节炎、风湿病以及消化道疾病等。而在低湿环境中，空气过分干燥，导致皮肤和呼吸道黏膜干裂，降低其对病原微生物的防卫能力。另外，在低湿环境中，当相对湿度低于 40％时，由于灰尘较多，易诱发呼吸道疾病，还会导致蛋鸭羽毛生长不良、蓬乱，并且发生蛋鸭互啄现象；同时，鸭舍内低湿的环境有利于葡萄球菌、沙门氏菌以及具有脂蛋白囊膜病毒的存活。不过在气温适宜的环境中，适当的湿度有助于空气环境中灰尘减少，使空气变得较为洁净，有利于控制呼吸道疾病。

3. 风速（气流） 在蛋鸭养殖生产中，夏季和冬季的通风换气尤为重要。合理的通风不仅能够带走鸭舍多余的热量，增加舍内的新鲜空气，排出有害气体和粉尘等，还可以提高鸭群的抵抗力，减少支原体、大肠杆菌等条件致病菌疾病。在高温、高湿环境下，通风是冷却降温的切实可行的方法。在研究风速在高温条件下对蛋鸡的影响时发现，35℃高温条件下，风速 3.0m/s 可显著提高蛋鸡的产蛋量，而通风不良的情况下，产蛋量和蛋品质均会下降（Ruzal 等，2001）。另外，合理的通风还可以显著提高 4～6 周龄肉鸡的体增重和饲料转化率。风速对家禽生产性能的提高是风速对高温环境下家禽热平衡调节的结果。

值得注意的是低温高速气流（贼风）对蛋鸭的影响。贼风是冬季密闭舍内通过一些窗户、门缝或墙体的缝隙而进入舍内的一种气流，由于这种气流温度低且速度大，容易引起蛋鸭关节炎、神经炎等疾病或冻伤，对产蛋和健康造成不利影响，因此生产中应尽可能避免贼风。

二、光照参数

光照是蛋禽生产中的重要环境因素之一，影响育成期蛋鸭的饲料转化率、生长发育，以及产蛋期蛋鸭的生产性能、换羽、动物行为、健康和动物福利。

1. 对骨骼的影响 家禽生产中，结构骨流失造成的骨质疏松是重要的骨骼问题（Kim 等，2007），这会增加骨骼多个位点的断裂风险，影响产蛋。实际上，在禽类肉制品加工过程中，34%出现了骨骼破碎（Whitehead 和 Fleming，2000）。结构骨流失和骨质疏松，可能与产蛋过程中的钙源供给有关（Cransberg 等，2001），因此骨骼质量对产蛋禽类尤为重要。产蛋期蛋禽骨骼质量取决于两点：育成期更多结构骨形成和产蛋期更少的结构骨流失（Whitehead，2004）。因此，增加育成期皮质骨的形成，减少产蛋期结构骨的流失，对蛋禽的健康和发挥生产潜能至关重要。已经成为家禽科学领域研究的热点。

光照对骨骼质量影响的主要途径：有光照环境中，动物会尽量运动，这增加了骨骼承受的压力，促进骨骼发育（van der Pol 等，2015；Casey-Trott 等，2017）；褪黑素在黑暗环境中产生，可直接促进骨骼发育（Cardinali 等，2003），也可通过调控其他激素间接调控骨骼发育（Ostrowska 等，2002）。光照时间过长容易造成动物应激、减少运动，剥夺睡觉和休息时间，失去体能恢复机会。同一个家禽群体内，有些在休息，有些在走动或采食，使整个群体不能得到统一休整，进而使运动减少，影响骨骼质量（Vermette 等，2016）。另外，育成期和性成熟的开端，是结构骨沉积的终点，提前延长光照能通过加速性成熟而减少结构骨的沉积（Whitehead 和 Fleming，2000）；产蛋期延长光照时间，意味着采食时长增加，食物在消化道停留的时间延长，可增加蛋壳形成过程中营养素的消化道来源供给，减少骨骼来源的原料供给，从而减少骨骼矿物质流失（周正雷，2007）。

2. 对繁殖系统的影响 产蛋期禽类生产性能的发挥，取决于育成期繁殖系统的发育和产蛋期繁殖功能的维持。尽管当今蛋鸭生产效率已经较高，但仍然有较大的提升空间，包括开产时间、从开产到产蛋高峰的时间、产蛋高峰期维持的时间和高峰后期产蛋性能下降的速率（Long 等，2017）。

实际上，蛋禽的产蛋性能取决于卵巢卵泡的发育情况（Renema 和 Robinson，2001；Liu 和 Zhang，2008；Long 等，2017）。值得注意的是，卵巢卵泡的发育遵循严格的等级系统，该等级系统是自然选择和卵泡闭锁机制的产物，使得卵巢卵泡的发育遵循一个明确的顺序（Lei 等，2014）。最大的卵泡（F1）成熟和排出后，第二大卵泡（F2）和第三大卵泡（F3）成为新的 F1 和 F2 卵泡。同时，一个小卵泡被选中成为排卵前等级卵泡。对蛋禽来讲，光照是影响繁殖功能最重要的环境因素，对输卵管、卵巢、基质和卵泡发育均起重要作用（Olanrewaju 等，2006；Chen 等，2007）。

禽类繁殖活动受下丘脑刺激性（促性腺激素释放激素，GnRH）和抑制性（促性腺激素抑制激素，GnIH）神经肽紧密调节。GnRH 刺激垂体前叶腺体释放促性腺激素，包括卵泡刺激素（FSH）和黄体生成素（LH）。这些促性腺激素能促进性腺发育和类固醇激素合成，刺激大卵泡粒层细胞产生孕酮和小卵泡分泌产生雌激素（Bédécarrats 等，2009；Dunn 等，2009；Tsutsui 等，2010）。目前已经证明包含光感受器受体的视蛋白，能直接激活 GnRH 神经元（Saldanha 等，2001）。且延长光照时间提高了 GnRH 基因的 mRNA 表达量（Dunn 和 Sharp，1999）。

GnIH 能分别作用于下丘脑和垂体前叶，抑制 GnRH 及促性腺激素的合成和释放（Tsutsui 等，2010）。并且，黑暗状态下，视网膜和松果体产生的褪黑素能刺激 GnIH 的合成和释放（Chowdhury 等，2010）。基于这些发现，可以推测：延长光照时间可降低褪黑素分泌，从而减少 GnIH 的合成和释放，并间接刺激 GnRH 的释放；光照刺激下丘脑也触发 GnRH 的释放。在短光照时间的条件下，尚未性成熟的禽类 GnIH 含量高，从而抑制繁殖轴的功能；暴露在长光照时间下，能通过减少 GnIH，增加 GnRH，来诱导性成熟（Bédécarrats 等，2009；Tsutsui 等，2010）。另外，也有研究表明，禽类 GnRH 的合成和分泌受 GnIH 及 2 型和 3 型脱碘酶的调节（Perfito 等，2015）。这方面的研究较少，未见蛋鸭上的报道。

光照对蛋鸭繁殖系统的影响如图 2-1 所示。

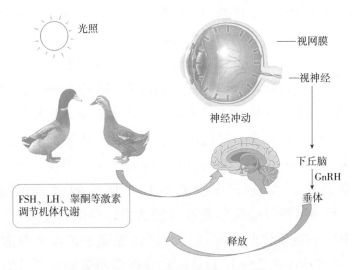

光照

视网膜

视神经

神经冲动

下丘脑
GnRH

垂体

FSH、LH、睾酮等激素
调节机体代谢

释放

图 2-1　光照对蛋鸭繁殖系统的影响

　　总之，关于光照周期对禽类繁殖的影响，可以得出两点结论：短光照时间是光照周期中性的，不抑制 GnRH 神经元的活动；长光照时间是光照周期活跃性的，能够向 GnRH-I 神经元转导刺激性和抑制性输入信号。基于这两点结论，可以建立一个禽类繁殖周期过程中光照周期的响应模型。当禽类长时间处在短光照时间中，GnRH-I 神经元的活动和光照周期相互独立。因此，在短光照条件下，不能预测 GnRH-I 的释放。将光照敏感的禽类转移到长光照条件下，会立即激活 GnRH-I 神经元的刺激性输入信号，诱导促性腺激素的释放，促进卵巢的生长和成熟。将对光照敏感的禽类转移到长光照条件下，同时也逐渐开始向 GnRH-I 神经元输入抑制性输入信号。在极端情况下，输入的抑制信号完全超过了刺激性信号，繁殖激素水平下降，导致繁殖系统总体受到抑制，甚至繁殖活动停止。在另外一种极端的情况下，输入 GnRH-I 神经元的光照诱导的抑制效应信号太弱，以至于对繁殖活动没有明显的效果。这种微弱的抑制效应只能通过控制刺激性信号的输入显现出来。例如，减少光照时间，使其接近临界值，在这种情况下，抑制效应占据主导地位，导致产蛋活动停止（Sharp，1993）。

三、空气质量及微生物参数

1. 氨气 环境中的氨气损伤呼吸道黏膜屏障的微结构，增加机体对呼吸道疾病的易感性。氨气环境下上皮细胞纤毛脱落，黏膜上皮细胞坏死，当鸭舍内氨气浓度过高时，气管黏膜表面的黏液将不能被清除，附着在尘埃粒子表面的细菌到达肺和气囊的概率增加，则蛋鸭感染病原菌的概率增加。氨气如果被吸入肺部，可以自由通过肺泡上皮进入血液，同血红蛋白结合，破坏血液的载氧功能，导致贫血。高浓度氨气同样会导致眼结膜发炎和眼角膜损坏，严重程度取决于环境中氨气的浓度和与氨气的接触时间。笔者所在团队研究不同浓度氨气对育成期及产蛋期蛋鸭眼黏膜、呼吸道的损伤结果表明，不同生长期的蛋鸭对氨气有较高的耐受力，46.12mg/m³浓度的氨气环境下，对眼黏膜和呼吸道无眼观损伤。65.88mg/m³以上浓度的氨气环境下，引发眼黏膜潜水膜混沌、呼吸道轻度炎症反应；病理切片分析发现气管黏液分泌亢进，黏膜下层水肿，喉头黏膜下层轻度水肿，肺脏局部间质增宽，结缔组织增生，大量淋巴细胞浸润，肺细胞严重出血、瘀血，异嗜性粒细胞浸润。

2. 硫化氢 硫化氢是一种无色、易挥发、具有腐败臭鸡蛋气味的气体，鸭舍空气中的硫化氢主要是由粪便、饲料残渣、垫料等含硫有机物分解而来，当蛋鸭采食富含蛋白质的饲料导致消化机能紊乱时，可由肠道排出大量的硫化氢。硫化氢通过呼吸道进入机体，与呼吸道内水分接触后很快溶解，并与钠离子结合成硫化钠，对眼和呼吸道黏膜产生强烈的刺激作用。硫化氢吸收后主要与呼吸链中细胞色素氧化酶中的 Fe^{3+} 结合而阻碍其还原为含 Fe^{2+} 的还原型细胞色素氧化酶，从而抑制电子传递和分子氧的利用，阻断了细胞的内呼吸而造成组织缺氧。硫化氢还可能与体内谷胱甘肽中的硫基结合，使谷胱甘肽失活，影响了体内生物氧化过程，加重了组织缺氧并引发损伤（郝二英等，2015b）。

四、养殖密度与养殖规模

蛋鸭的生产性能与蛋品质主要受遗传因素和外界环境条件的影响。饲养密度通过影响蛋鸭的群体环境和社会结构，改变蛋鸭行为，影响动物健康、生产性能和福利水平。而不同养殖模式的饲养环境差异较大，在是否满足鸭生活习性和行为、心理需求上存在很大差异，进而影响动物健康与生产性能。

1. 养殖密度　饲养密度是关系畜禽健康与福利的一个核心问题，合理的饲养密度对畜禽业意义重大。蛋鸭的养殖密度应综合品种、日龄、季节和环境温度而定。为了提高生产效率、节约生产成本、增加畜禽产品产量，现代畜牧业呈现出集约化、规模化、标准化和高密度饲养的特点。这一趋势在蛋禽产业尤为突出，高密度饲养在降低养殖成本、提高产能和经济效益方面优势突出，蛋鸡舍内多层笼养就是成功的例子。但过高的养殖密度往往是以牺牲动物的健康、福利和生产性能为代价，甚至会导致疫病暴发。

高密度饲养会降低动物的生长速度、产蛋等生产性能，增加死淘率，但饲养密度影响家禽生产性能和健康的机制还不清楚。鸭耐寒不耐热，高密度饲养会造成热应激与呼吸道刺激，减少鸭的可用空间与运动量，增加惊厥、啄癖等应激和异常行为的发生，影响产蛋行为，降低产蛋性能（刘雅丽等，2011），提高血液皮质酮水平，造成应激（Xie等，2014），导致足垫（Jones等，2010a）和皮肤损伤，影响羽毛质量与行走能力（Jones等，2010a）。高密度饲养导致的异常行为与鸭喘气散热增加、饮水减少和休息行为增加有关（Jones等，2010b），与鸭舍内温度升高、垫料湿度增加、垫料铵含量增加显著相关（Jones 等，2010a）。另外，高密度饲养可增加空气湿度，影响禽舍通风，造成舍内粉尘、有害微生物以及有害气体含量增多，导致鸭生长缓慢，抵抗力下降，死淘增加（吕峰等，2002）。但在鸡的非笼养系统中，低密度饲养时，鸡群聚集在关键资源附近，造成了局部区域的高密度（Channing 等，2001），可能引起剩余鸡群的攻击性防御行为（Freire 等，2003）；而高密度饲养时，母鸡更可能均匀分布在所有区域，这可解释为什么高密度下攻击与啄羽行为更少（Defra，2007）。另外，鸡育雏密度与育成期羽毛损伤相关，但无法区分饲养密度与垫料缺乏的影响（Bestman 等，2009）。

因此，高密度饲养可单独对动物的生产性能与健康福利产生直接的负面影响，也可导致蛋鸭行为异常，从而影响产蛋行为，降低产蛋性能，影响动物健康。而蛋鸭的行为异常主要是高密度饲养造成的垫料变脏和变潮湿、铵含量增加、舍内湿度增大、空气质量恶化而间接导致。

2. 养殖模式　一直以来，有水养殖都被认为是有益于水禽生长，利于水禽发挥生产性能的最佳养殖方式。为应对传统蛋鸭饲养模式的水域依赖、环境污染、疫病多发、经济效益低等突出问题，满足行业发展需要，笔者所在团队探索研究了新的养殖模式，意在摆脱对水域的依赖，减少资源浪费和环境污染，降低外界环境对蛋鸭生产的影响和限制，加强对舍内环境的控制，提高生产效率，推动蛋鸭从有水养殖向无水饲养模式转变，实现产业的转型升级。

研究发现，与传统水面养殖相比，蛋鸭进行网床养殖、发酵床养殖、立体笼养以及喷淋旱养时，只要管理得当，不仅能减少污水产量和对环境的污染，蛋鸭均能正常生长并保持健康，甚至超常发挥其产蛋性能，提高蛋品质和饲料报酬，减少用药，降低饲养成本，提高经济效益。不论饲养在金属网上，还是在条板地面，无论是冬季，还是夏季，北京鸭都会出现脚垫炎症与皮肤损伤（Karcher 等，2013；Fraley 等，2013）。饲养系统的地面类型，是否使用垫料，是否具备有效的舍内通风系统（Jones 等，2010a）和管理水平，舍内空气环境（空气温度、湿度、有害气体浓度以及垫料湿度、铵含量等）对鸭的健康更至关重要。在不同的饲养模式下，饲养设施配置不同，即便蛋鸭的行为方式、活动量、能量消耗以及羽毛清洁度等可能因为活动空间不同、地面类型不同而存在差异，但只要控制好养殖密度，进行精细化管理，保证养殖环境舒适，也能够弱化或消除饲养模式不同的可能不良影响，不会影响蛋鸭的健康和生产性能。当然，关于不同饲养模式对蛋鸭的影响，还有大量的工作需要开展，如饲养模式对鸭蛋组成成分、蛋品质的影响等。

因此，养殖模式不同造成的饲养环境差异可能会对蛋鸭生产有影响。但因管理者的意识和管理水平的差异而导致的舍内环境差异或可能对动物的健康、生产性能以及动物福利造成更大的影响。综上所述，只要选择合适的品种，控制好饲养密度，做好饲养管理，控制好鸭舍内小环境，即使采用无水养殖模式，也能保证蛋鸭健康以及产蛋性能的正常发挥。

第二节　蛋鸭舍环境参数分布规律

一、温热参数

通常外界环境相对稳定，而畜禽舍内环境因子会受到通风状况、饲养密度、动物体温及微生物等的影响，同时在养殖过程中还会产生一些有害气体，这些因素影响了蛋鸭的产蛋水平。笔者所在团队分别对平养舍、半开放式笼养舍和全封闭式笼养舍进行监测，探讨蛋鸭舍环境因子的分布规律。

1. 鸭舍内热环境分布规律

（1）平养舍热环境分布规律　温度在各高度之间虽然数值差异较小，但存在显著差异，鸭舍内靠近地面温度大于高层温度。整个鸭舍的温度分布并不均衡,受阳光直射角度的影响差异较大,夏季8:00—17:00鸭舍南、北向温差大于4℃,夜间温度南、北向恢复一致。

(2)半开放式笼养舍热环境分布规律 与平养舍的分布规律较为相似,低层温度高于高层温度。受到太阳光照的影响较大,东南方的温度在上午较高,西北方的温度在下午较高,夜间趋于一致。部分半开放式笼养舍配备的风扇能有效调控鸭舍的环境温度,使之均衡。在用风扇通风的情况下各测量点的温度无显著差异。

(3)全封闭式笼养舍热环境分布规律 全封闭式笼养舍配备湿帘降温和全自动控温、控光、给料、除粪、收蛋系统。虽然监测的全封闭式笼养蛋鸭舍内饲养了22 000多只蛋鸭,但整体鸭舍温度控制较为均衡。中部通风走廊处温度较低,四周温度略高于中部走廊0.3～0.7℃。湿帘降温系统使得室内温度较室外低1℃,部分通风不良的角落温度较室外高1℃。在中午气温较高的时候,自动控制系统会增加风机的开启数量,促使温度降低。

2. 鸭舍内环境湿度分布规律

(1)平养舍湿度分布规律 湿度在各高度之间存在显著差异,鸭舍内靠近地面的湿度大于高层。整个鸭舍的湿度和温度一样分布不均衡,主要受光照和风速的影响,室外湿度为65%,室外风速0.1m/s,室内风速为0。早晨南向靠窗湿度为69.4%,北向靠窗湿度为81%,鸭舍中部的湿度可达84%。呈现中部湿度高,两侧湿度低的态势,伴随着时间的推移,虽然整体湿度不断下降但室内中部和非阳光直射区域湿度均维持在75%～80%。夜间湿度较高,靠窗处湿度可达95%,鸭舍中部的湿度为89%。

(2)半开放式笼养舍湿度分布规律 底层鸭笼的湿度低于高层鸭笼的湿度。舍内湿度受到太阳光照的影响较大,南向的湿度较北向的湿度低。鸭舍中部的湿度大于两侧,与窗户的开放和风的流动呈正相关。配备有风扇的鸭舍能有效调控环境湿度的均衡性,在风扇开启的情况下各测量点的湿度无显著差异。

（3）全封闭式笼养舍热环境分布规律　底层鸭笼的湿度低于高层鸭笼的湿度，由于开启湿帘降温系统，室内的湿度较室外的湿度整体高5%～8%。中部走廊湿度较其他位置的湿度高；鸭舍部分位置风速较低，湿度也较低。

3. 鸭舍内风速分布规律

（1）平养舍风速分布规律　主要受到室外风速的影响，与鸭舍的朝向有密切关系，通常夏季为东南向风，冬季为西北向风。靠近窗户处风速较大，室内风速较低。风速变化较大，呈现不稳定波动。

（2）半开放式笼养舍风速分布规律　一般配有风扇系统，风速受通风系统影响较大，风扇风速为1m/s。无通风系统与平养舍的规律基本一致。

（3）全封闭式笼养舍风速分布规律　全封闭式笼养舍内风速受到智能控制，根据室内的温度进行调控，通常中间走廊处风速较大，夏季中午可达1.5m/s，早晨和下午均为1m/s，夜间温度降低，因此风扇开启数量减少，风速为0.5～0.8m/s。

二、光照参数

科学的光照条件，不仅能促进家禽发挥生长潜能，也将对维护养殖环境的生态系统提供新的调控手段和干预方式。一般舍内光照度随距离延长而衰减。

在影响蛋鸭产蛋的环境因素中，光照是主要因素之一。鸭舍采光非常重要，模拟野生状况下产蛋率比较高的时间段的光照节律，可以获得高产。

参考海兰蛋鸡饲养管理制度，则蛋鸭光照周期的分布规律是从蛋鸭出壳，光照时间逐渐减少，达到一段稳定时间（图2-2）；蛋鸭性成熟后，光照时间再逐渐延长，再达到一段稳定时间（Hy-Line

International，2016）。可见，育成期和产蛋期稳定的光照时间在整个光照周期制度中显得尤为重要。

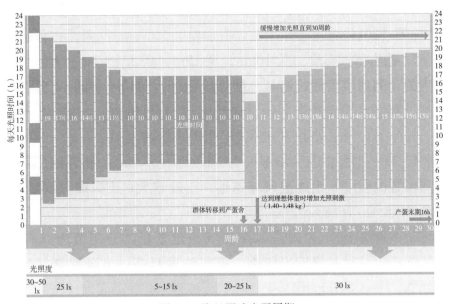

图 2-2　海兰蛋鸡光照周期

三、空气质量及微生物参数

鸭舍内有害气体分布规律总体为二氧化碳含量在鸭笼各层之间差异显著，且从最下层到最上层依次升高，在前端和后端差异不大。氨气含量在各层之间差异显著，且从最下层到最上层依次升高，纵向上中部浓度高于两侧。蛋禽笼养育雏舍的温度分布是上层至下层逐渐降低，其中间温度高于两端（杨景晁等，2017）；氨气分布是中间氨气浓度极显著高于两端，整个禽舍中间氨气浓度最大（杨景晁等，2017）。李俊营等对六层层叠式笼养蛋禽舍环境质量测定发现，从禽舍湿帘端到风机端，温度、风速、二氧化碳浓度、氨气浓度和粉尘浓度呈逐渐升高趋势，氧气含量逐渐降低（李俊营等，2016）。生产数据统计发现禽舍内温度与氨气浓度强相关，相关系数达到

0.971 8；相对湿度则与氨气浓度的变化趋势相反（程秀花等，2012）。

具体示例阐述蛋鸭舍内有害气体分布规律如下。

秋冬季（11—12 月）超长蛋鸭笼养舍内有害气体分布规律（林勇等，2016）：

1. 鸭舍结构布局 长 100m、宽 15m、高 2.5～4m（人字形），舍内为 4 列 3 层阶梯式笼养。自动刮粪。

2. 鸭舍环境调控方式 纵向通风，8 台风机。

3. 温度 舍内温度从进风端至出风端逐渐升高。

4. 湿度 鸭舍进风端湿度为 52.6%～57.0%，显著低于其他检测位置的湿度，距离进风端越远，湿度越大；出风端湿度最大，达到 71.6%～76.3%。

5. 氨气浓度 舍内进风端氨气浓度最低，检测值为 0.18～0.19mg/m³，且越靠近出风端，氨气浓度越高；出风端氨气浓度达到 0.51～0.54mg/m³。

6. 二氧化碳浓度 舍内进风端二氧化碳浓度最低，且越靠近出风端，二氧化碳浓度越高；出风端氨气浓度达到 599～636mg/m³。

7. 气溶胶内微生物含量 舍内距离进风口越远，总需氧菌、大肠杆菌浓度均呈现升高趋势，舍内进风端金黄色葡萄球菌浓度至出风端逐渐升高。

四、养殖密度与养殖规模

鉴于饲养密度对鸭生产性能、健康和福利影响的研究结果存在较大分歧，这可能与不同研究中，养殖模式、饲养品种、饲养条件、群体数量以及管理水平等存在较大差异有关。因此，笔者所在团队专门针对蛋鸭的养殖密度及养殖规模影响规律开展了研究。

1. 蛋鸭养殖密度影响规律

（1）养殖密度影响规律试验设计　2017年5月至2019年1月，笔者在四川省西昌市序华宁农牧科技有限公司开展了金定蛋鸭养殖密度参数的饲养试验。试验分为育成期、预产期和产蛋期三个阶段，分别对应7～14周龄、15～19周龄和20～45周龄蛋鸭；采用舍内网上平养，网床为距地面60cm的塑料网，网眼直径3cm，不配套运动场和戏水池；按照品种标准进行饲喂和饲养管理；每天记录产蛋性能、死淘数据等指标，各阶段试验期末统计体重、产蛋性能和成活率等生产性能指标。

育成期和预产期设置相同的4个密度组，分别是：8只/m²、11只/m²、14只/m²、17只/m²，每组做4个重复。产蛋期试验设置5个密度组，分别是：8只/m²、7只/m²、6只/m²、5只/m²、4只/m²，每组做4个重复。试验过程中，当试验组发现有死淘个体时，从试验后备群随机选择相同数量的个体进入试验组，以确保各梯度组在试验全程饲养密度保持不变。

（2）养殖密度对青年蛋鸭健康与生产的影响　试验结果显示，14周龄末，最高密度组（17只/m²）体重显著低于其余密度组，死亡率（17.5%）极显著高于其余组（3.75%～6.25%），说明高密度（17只/m²）饲养显著影响了蛋鸭体重增长和存活率，低密度（8只/m²）饲养利于青年蛋鸭的生长发育和保持健康（表2-1）。

表2-1　不同养殖密度蛋鸭14周龄体重和死亡率统计

项目	饲养密度（只/m²）			
	8	11	14	17
14周龄体重（g）	1 319.6±138.05^A	1 268.6±88.02^A	1 310.8±94.62^A	1 120.9±106.96^B
7～14周龄死亡率（%）	6.25±1.02^B	5.00±1.02^B	3.75±1.76^B	17.50±2.70^A

注：①所有数据采用SPSS 19.0软件的单因素方差分析LSD法进行比较；② $P=0.05$，同行上标不同字母表示差异极显著，大小写不同表示差异显著，下同。

19周龄末，各组蛋鸭体重随着密度增加而下降，且体重的组间差异达到显著水平，说明高密度对青年蛋鸭生长发育的负面影响随着日龄增加而显著增大；同 14 周龄末一样，最高密度组（17只/m²）死亡率（3.75%）极显著高于其余组（0.31%～1.25%），说明高密度饲养对存活率的影响仍在，但蛋鸭对高密度饲养的适应能力增强（表 2-2）。

表 2-2 不同养殖密度蛋鸭 14 周龄体重和死亡率统计

项目	饲养密度（只/m²）			
	8	11	14	17
19 周龄体重（g）	1 518.53±97.35^A	1 330.20±103.44^B	1 307.60±142.32^B	1 073.93±90.01^C
15～19 周龄死亡率（%）	0.31±0.62^B	1.25±1.02^{aB}	1.25±1.76^{aB}	3.75±1.02^A

低密度组（8 只/m²）的见蛋日龄为 108d，显著早于最高密度组（17 只/m²）的 113.5 d；19 周龄产蛋率也随密度增加而显著下降，低密度组（8 只/m²）产蛋率最高（15.49%），高密度组（17只/m²）几乎不产蛋，产蛋率仅 0.14%，组间差异极显著。说明最高饲养密度（17 只/m²）推迟了蛋鸭的性成熟日龄，显著降低了早期产蛋性能（表 2-3）。

表 2-3 不同养殖密度蛋鸭性成熟及早期产蛋性能统计

项目	饲养密度（只/m²）			
	8	11	14	17
见蛋日龄（d）	108.00±1.41c	111.25±1.70^{aB}	109.25±1.25^{Bc}	113.50±1.29^A
19 周龄产蛋率（%）	15.49±0.62^A	10.43±0.73^B	6.32±0.65^C	0.14±0.28^D

测定了青年蛋鸭 8 周龄、10 周龄、12 周龄、14 周龄和 19 周龄末的血清中生化指标，结果显示：雌二醇（E2）、促卵泡激素（FSH）、谷丙转氨酶（ALT）、谷草转氨酶（AST）、葡萄糖和总蛋白、催乳素（PRL）、皮质酮和白蛋白，低密度组（8 只/m²）大于高密度组（17 只/m²）；催乳素、皮质酮和白蛋白，高密度组（17 只/m²）大于低密度组（8 只/m²）。说明高密度饲养导致蛋鸭应激和炎症反应，影响卵巢发育，但未造成肝功能损伤；低密度饲养，有利于营养物质合成及卵泡发育（图 2-3）。

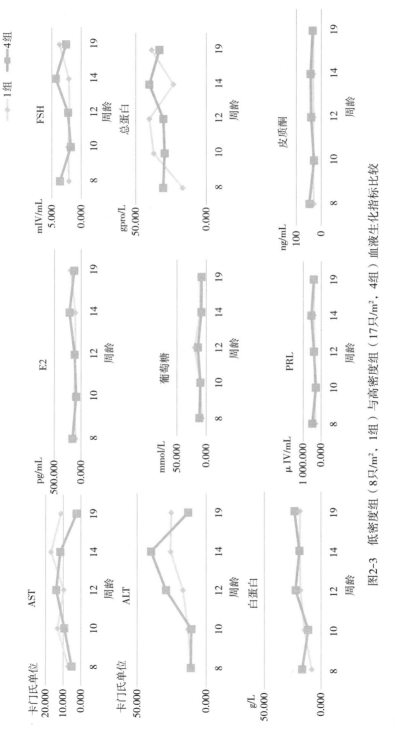

图2-3 低密度组（8只/m²，1组）与高密度组（17只/m²，4组）血液生化指标比较

综上所述，高密度饲养显著影响青年蛋鸭体重增长，降低育成期和备产期的成活率；低密度饲养有利于蛋鸭骨骼发育和体成熟。高密度饲养导致产蛋日龄推迟，早期产蛋性能低下。高密度饲养导致蛋鸭应激和炎症反应，影响卵巢发育；低密度饲养有利于卵泡发育和营养物质合成。金定鸭网上平养的饲养密度：7～14 周龄在 17 只/m² 以下；15～19 周龄在 14 只/m² 以下；19 周龄不能超过 8 只/m²。

（3）养殖密度对产蛋鸭健康与生产的影响　20～45 周龄蛋鸭生产性能统计结果显示，产蛋率达 50％日龄随着密度增加而推迟，最早是最低密度组（4 只/m²）的 162d，最晚是最高密度组（8 只/m²）的 181d；入舍鸭产蛋率随密度降低而升高，4 只/m² 试验组最高，8 只/m² 试验组显著低于其他组；4 只/m² 试验组的料蛋比最低，7 只/m² 试验组最高，8 只/m² 试验组第二高；4 只/m² 试验组的平均蛋重显著低于其他组；破蛋率随密度降低而增加，4 只/m² 试验组显著高于其他组；死亡率随密度降低而降低，8 只/m² 试验组的死亡率极显著高于其他组（表 2-4）。

结果显示，高密度饲养推迟开产日龄，降低入舍鸭产蛋率和饲料报酬，提高死亡率；低密度饲养（4 只/m²）的平均蛋重更轻，蛋壳强度和蛋壳厚度最差，破蛋率最高。5 只/m² 试验组性能仅次于 4 只/m² 试验组，且二者之间差异不显著。因此，金定鸭产蛋期适宜饲养密度为 4～5 只/m²。

表 2-4　不同养殖密度蛋鸭 20～45 周龄生产性能统计

项目	饲养密度（只/m²）				
	8	7	6	5	4
50％产蛋率日龄（d）	181	178	168	164	162
入舍鸭产蛋率（％）	61.25±14.66^{cD}	66.39±17.23^{bCD}	78.42±19.32^{BC}	82.30±18.37^{AB}	86.98±18.22^{A}
产蛋期料蛋比	2.39±1.22^{AB}	2.45±1.25^{A}	2.18±1.20^{AB}	2.12±0.97^{AB}	2.05±0.86^{BC}
平均蛋重（g）	64.36±5.54^{A}	65.09±4.90^{A}	64.66±5.02^{A}	64.66±5.33^{A}	60.81±6.41^{B}

（续）

项目	饲养密度（只/m²）				
	8	7	6	5	4
破蛋率（%）	0.40±0.11ab	0.55±0.12aB	0.64±0.15aB	0.79±0.12AB	0.93±0.32A
死亡率（%）	10.30±2.60A	7.74±1.29B	6.80±1.02B	6.25±1.02B	6.35±1.02B

2. 蛋鸭养殖规模影响规律

（1）养殖规模影响规律试验设计　试验分为育成期、预产期和产蛋期三个阶段，分别对应7～14周龄、15～19周龄和20～45周龄；采用舍内网上平养，网床为距地面60cm的塑料网，网眼直径3cm，不配套运动场和戏水池；按照品种标准进行饲喂和饲养管理；每天记录产蛋性能、死淘数据等指标，各阶段试验期末统计体重、产蛋性能和成活率等生产性能指标。

育成期和预产期试验以8只/m²的密度饲养，设置40只/群、60只/群、90只/群和120只/群4个规模组，每组做4个重复。产蛋期试验以6只/m²的密度饲养，设置20只/群、30只/群、60只/群、90只/群4个规模组，每组做4个重复。试验过程中，当试验组发现有死淘个体时，从试验后备群随机选择相同数量的个体进入试验组，以确保各梯度组试验全程养殖规模保持不变。

（2）养殖规模对青年蛋鸭健康与生产的影响　结果显示，14周龄末，60只/群和90只/群试验组体重显著高于其余两组；小群体（40只和60只）死亡率显著高于较大群体（90只和120只），这可能是因小群体活动空间有限，鸭打斗行为和应激增加导致（表2-5）。

表2-5　不同养殖规模蛋鸭14周龄体重和死亡率统计

项目	养殖规模（只/群）			
	40	60	90	120
14周龄体重（g）	1 297.30±109.01B	1 360.30±137.86A	1 323.60±86.68AB	1 342.40±107.74aB
7～14周死亡率（%）	5.00±2.041 2A	3.33±2.357AB	0.56±0.640 9b	1.665±0.964 2a

19周龄末，60只/群试验组的蛋鸭体重显著高于其余组；最小群体（40只）试验组的死亡率最大，显著高于其余组，说明随着日龄增加，鸭个体活动空间减少，小群体组因可选活动空间不足带来的应激仍存在（表2-6）。

表2-6　不同养殖规模蛋鸭19周龄体重和死亡率统计

项目	养殖规模（只/群）			
	40	60	90	120
19周龄体重（g）	1 384.60± 127.29ª	1 490.80± 138.61A	1 376.87± 122.00ª	1 369.733 3± 113.13ª
15～19周死亡率（%）	2.50±2.041 2A	0.417 5±0.835 0ª	0.555±0.640 9ª	0.625±0.799ª

见蛋日龄，90只/群试验组最早（108.25d），其余各组差异不大（110.75～111.75d）；19周龄产蛋率，60只/群试验组最高，显著高于其余组，产蛋率有随着养殖规模增加而下降的趋势，各组间差异均显著（表2-7）。

表2-7　不同养殖规模蛋鸭性成熟及早期产蛋性能统计

项目	养殖规模（只/群）			
	40	60	90	120
见蛋日龄（d）	110.75±1.78AB	111.00±1.83AB	108.25±1.26ᵇ	111.75±1.26A
19周龄产蛋率（%）	18.79±1.13ª	20.63±1.18A	13.46±0.94B	10.38±1.19C

综上所述，小群体（40只和60只）饲养有利于青年蛋鸭体重增加和早期产蛋性能发挥，但可能因为可用活动空间小，导致打斗行为和应激增加，最小群体（40只）死亡率显著高于较大群体（90只和120只）。因此，金定鸭适宜的网上平养群体规模，7～14周龄为60～90只/群，15～19周龄为40～60只/群。

（3）群体规模对产蛋鸭健康与生产的影响　20～45周龄生产性能统计结果显示，产蛋率达50%日龄，30只/群试验组（161.5d）早于其余组（178～186d）；入舍鸭产蛋率，30只/群试验组显著高于其余组，最小规模试验组（20只/群）显著低于其余组；料蛋比，30 只/群试验组显著低于其余组，其中 20 只/群试验组最高；破蛋率随着群体数量增加而降低，小群体（20 只和 30 只）试验组显著高于较大群体组（60 只和 90 只），这可能与鸭可用活动面积有关，小群体活动空间有限，鸭本身行为造成破蛋的概率高于具有更多活动空间的大群体；不同于青年蛋鸭，最小群体（20 只）试验组死亡率显著低于其余组（表 2-8）。

结果表明，30 只/群试验组产蛋率、饲料报酬和破蛋率均最高，20 只/群试验组的产蛋率最低，料蛋比最高。因此，金定鸭网上饲养的适宜规模，产蛋期为 30 只/群。

表 2-8　不同养殖规模蛋鸡 20～45 周龄生产性能统计

项目	养殖规模（只/群）			
	20	30	60	90
50％产蛋率日龄（d）	186	161.5	182	178
入舍鸭产蛋率（％）	71.00 ± 15.03^C	86.05 ± 17.44^A	75.97 ± 15.27^{BC}	79.78 ± 16.18^B
产蛋期料蛋比	2.37 ± 1.25^A	2.06 ± 0.86^C	2.29 ± 0.97^{AB}	2.21 ± 1.20^{AB}
平均蛋重（g）	63.10 ± 2.60	65.11 ± 4.05	64.65 ± 3.67	64.46 ± 3.55
破蛋率（％）	0.454 ± 0.14^B	0.491 ± 0.13^{AB}	0.317 ± 0.12^C	0.270 ± 0.09^C
死亡率（％）	0.000^C	6.67 ± 1.02^A	8.33 ± 1.13^B	5.56 ± 1.29^A

第三章
蛋鸭饲养环境管理与参数应用

第一节　蛋鸭饲养环境管理

一、蛋鸭饲养设施基本要求

1. 科学选址　蛋鸭养殖场的选址对养殖环境有重要的影响，场址不仅直接影响养殖场和畜禽舍的小气候环境和畜禽群的健康与生产，而且影响养殖场的消毒管理和周边环境的污染和安全。蛋鸭养殖场所处位置应该在周围 3km 范围内没有能产生污染的大型化工厂、矿场、畜牧场、屠宰场等，远离公路和村镇居民点 1km 以上，所利用的水源上游应不得有任何污染源。蛋鸭养殖场应通风透气良好，采光充足，供电及供排水方便，土壤最好为自净能力强的沙壤土。蛋鸭养殖场的规划布局应该根据拟建场地的环境条件，按照生产流水线以及生物安全要求，科学确定各区的位置，合理确定各类房舍、道路、供排水/电路等管道，在养殖场内科学设计绿化带等，并在场内配套建设隔离墙、消毒池和淋浴消毒室等防疫相关设施。有条件的蛋鸭养殖场内可设计封闭性垫料库和饲料塔，并建设专用水井和水塔，用管道直接送水到鸭舍。

2. 鸭舍的合理布局　蛋鸭养殖场内部的布局应合理，可以有效防止疫病的传播和交叉感染，减少应激致病因素。饲料生产区（库房）、办公（生活）区、养殖区、粪便处理区应严格分开，中间设置物理隔离带或绿化带，粪便污物堆积处理区距离养殖区应不少于200m。污道和净道分开，即运送饲料的道路和清理粪便的道路分开，不能交叉。养殖区域内，种鸭舍、孵化室、育雏室、育成舍、商品成鸭舍间应该分开，并保持适当距离，彼此之间应不少于15m。鸭舍的布局顺序一般为：消毒间、更衣室—成鸭舍—育成鸭舍—育雏鸭舍，育雏鸭舍应该在主风向的上风头。鸭舍、运动场、水面组成一个完整的养殖单元，其面积的大致比例是1:3:2，运动场地面有15°～30°的倾斜度。如果为舍内地面旱养或笼养，则每栋鸭舍为一个养殖单元。

3. 场区环境管理　场区空气质量的好坏直接影响鸭舍内蛋鸭的生产过程，对蛋鸭的健康产生重要影响。蛋鸭养殖场的空气环境分为3个区域：缓冲区（指场区周边向外延伸500m范围内的区域）、场区（指运动场、水场区域以及养殖蛋鸭周围区域）和舍区。空气污染物主要包括氨气、硫化氢、二氧化碳、恶臭等气体状态污染物，以及可吸入颗粒物、总悬浮颗粒物等气溶胶状态污染物6项指标，这些污染物浓度应符合农业农村部行业标准的要求。

4. 养殖设备

（1）鸭笼　笼养是当前最先进和最佳的蛋鸭饲养模式。进行蛋鸭笼养时，笼架两端与湿帘或风机应保持2～3m的距离。鸭笼内外表面应光滑，无障碍物；高度应保证鸭能站立，空间较高为宜，动物福利也能得到保障；笼底网格应为脚趾提供充足的接触面积，防止腿、脚受伤或变形；育雏阶段应使用恰当的笼底铺垫物，直至雏鸭长到能够适应网孔的大小；育雏期、育成期笼底网孔径间距不得超过1.5cm，产蛋期不得超过2.5cm；笼养蛋鸭笼底坡度以6°较为适宜。

（2）通风设施　封闭鸭舍应安装风机与湿帘降温系统，在进风口应安装导流板，侧风窗应配备遮光罩。

（3）清粪设施　传送带式清粪机阶梯式笼具上下层重叠部分应设有挡粪装置，防止粪便直接落到鸡身上；叠层式笼具不应以传粪带代替顶网，且层间距不宜低于 10cm，以便通风。

（4）喷雾设施　在舍内走道上方宜安装高压水管和雾化喷头，用于消毒、降温和除尘。

（5）监控设施　舍内应安装报警器或监视器，动态监测通风、喂料和饮水系统的运行情况。配备手动控制装置，在自动控制器发生故障时，确保通风或加热系统继续运行。

二、蛋鸭舍环境管理要点

1. 温度管理　蛋鸭场养殖环境管理中，温湿度的控制和光照程序、空气质量的管理是重要环节，圈舍的温度应该根据蛋鸭的饲养阶段进行区分，垫草需保持干燥，并规划合适的游泳及运动时间。不论是结合水养还是旱养，或者笼养，均要合理限制养殖规模和养殖密度，在合理考虑管理效率和成本的前提下，保持群体规模不要太大，密度不能太高。育雏期因雏鸭日龄小、机体免疫力差，对养殖环境的管理最为重要。温度过低，雏鸭容易着凉腹泻；温度过高，容易引起雏鸭食欲下降或呼吸器官的疾病。因此，育雏期间要注意温度保持相对恒定，也可略低 1～2℃。切忌温度忽高忽低，容易降低雏鸭存活率。雏鸭有规律地吃食、饮水、休息，说明温度正常。育雏期间各阶段有各自适宜的温度，一般出壳 7d 内育雏温度应保持在 30～32℃，以后每周降低 1～2℃，直至第 5 周，舍温保持在 18～20℃。

2. 光照管理　在光照制度上，雏鸭特别需要光照，一般在出壳后前 3d 采用 24h 光照，4 日龄后光照可为 20～23h，从第 2 周开始缩短至 18h。青年鸭在培育期不宜用强光照，每天的光照稳定在 8～10h 即可。光照对禽类卵泡发育及产蛋有明显刺激作用，蛋鸭在开产阶段要逐步加光至 16～17h，并一直稳定在这个光照制度，以保持蛋鸭的高产蛋性能。

3. 空气质量管理　鸭舍内空气环境的控制主要是及时清理粪便，减少粪便中的硫化氢、氨气向鸭舍空气中溢出；加强通风换气，把鸭舍中过高的有害气体排出舍外。但在寒冷季节要注意通风与保温的平衡，既要防止因通风导致保温不够，又要防止为保温导致舍内空气质量差。在鸭饲料中加入益生菌等，可以杜绝和减少有害气体的产生。通过绿化造林，以及机械式、湿式等方法对鸭舍进行除尘，在生产过程中减少灰尘、烟尘等颗粒物的产生，以降低和消除空气中的气溶胶污染物。

4. 饮水管理　饮水安全是保证蛋鸭健康和生产性能的关键环节之一。水的质量包括温度、盐度和杂质等，鸭群供水受到年龄、体重和生产水平以及环境温度、湿度的影响。需要定期检测水质，对水箱定期消毒，检测水质应该从供水系统末端进行采样。在夏季要保证饮水器的使用正常，饮水器的选择要适应鸭饮水的习惯，有条件的养殖场要加装导流槽，把漏出的水导流，避免动物羽毛被弄湿。还应定期冲洗、消毒水线。

5. 噪声管理　蛋鸭对突发性噪声具有较大的应激反应，可以通过持续性的背景声响或环境声响，如舒缓的音乐来帮助鸭群适应环境，持续性的环境声音可以降低产蛋鸭对突发性噪声的反应性。在生产过程中应尽可能避免突发性噪声，在管理和维护设备时也应尽可能减少噪声。

第二节　蛋鸭饲养环境参数应用

一、温热参数

蛋鸭饲养可分为育雏期、育成期和产蛋期三阶段。不同发育阶段的蛋鸭对舍内温度、湿度和通风的要求不同。雏鸭（0～4周龄）

体温调节机能不完善，御寒能力差，整个育雏期要严格按照要求为雏鸭提供适宜的温度，而且要保证温度的稳定。温度随日龄的增加而逐渐降低，要做到适宜和平稳。育雏期绝对不允许温度突然上升、下降和长期过高，特别是幼雏阶段如果温度过高则会影响雏鸭正常代谢，出现食欲减退、发育缓慢，常导致呼吸道疾病发生；温度过低影响雏鸭对腹内卵黄物质的消化吸收，如果雏鸭受到低温的侵袭，则会因畏冷而集群，进而影响采食与运动，或因挤压受伤而导致疾病发生，严重的可造成死亡。育成期蛋鸭（5～18周龄）适应能力较强，一般室温下可以饲养。产蛋期蛋鸭对温度变化更敏感，因此对环境温度要求十分严格。外界环境温度变化超过一定的限度，就会影响产蛋期蛋鸭的生产性能，包括产蛋数、蛋重、蛋壳厚度和饲料的利用率等，也会影响种蛋的受精率和孵化率，甚至引起种鸭致病甚至造成死亡。蛋鸭虽然是水禽，但是圈舍不能潮湿，垫草必须干燥。不同发育阶段的蛋鸭对湿度的要求基本相同，湿度过低会导致蛋鸭出现暴饮、脱水等症状，湿度过高时霉菌及其他微生物大量繁殖，导致蛋鸭容易发病。鸭舍要定时通风换气，保持室内空气新鲜。通风量不足，鸭舍内有害气体浓度过高，会导致蛋鸭出现缺氧症状，容易得多种呼吸道疾病。雏鸭呼吸量和排泄量较少，且需要保持较高的温度，因此适当换气即可；随着日龄的增长，空气中二氧化碳含量升高，粪污发酵产生的有害气体增加，应逐步加大通风换气量，以保持舍内空气新鲜。

根据《无公害食品　家禽养殖生产管理规范》（NY/T 5038—2006）、《畜禽场环境质量标准》（NY/T 388—1999）和《畜禽舍纵向通风系统设计规程》（GB/T 26623—2011），禽舍要求地面干燥，有一定的保温、通风和采光能力。雏鸭1周龄内温度为30～32℃，2～4周龄每周降低2～3℃，直至温度降到20℃左右逐步脱温。育雏期间要注意观察，雏鸭有规律地吃食、饮水、排便和休息，说明温度正常。蛋鸭对温度环境相对敏感，其适宜生活温度在15～25℃。

雏鸭舍前10d相对湿度应该高一些，保持在65％～70％，有利于雏鸭卵黄的吸收；之后相对湿度低一些，保持在55％～65％。对于温湿度范围，不同地区根据当地的蛋鸭品种、环境条件等制定了一些地方标准（表3-1）。蛋鸭不同阶段的通风要求一般参照蛋鸡的标准（表3-2）。

表3-1　国内蛋鸭温湿度标准

摘要	名称	编号
温度：出壳7d内育雏温度应保持在30～32℃，以后每周降低1～2℃，直至第5周舍温保持在18～20℃。保持育雏舍适当温度的同时做好通风，保持空气新鲜。产蛋期最佳温度为13～20℃，应避免单日内温差波动太大，设置自动控温系统在15～28℃ 湿度：产蛋期适宜湿度为55％～65％，保持鸭舍通风良好	笼养蛋鸭管理技术规程	DB4116/T 0013—2019
温度：适宜温度为10～28℃，且单日温差＜10℃ 湿度：适宜相对湿度为60％～80％，最佳相对湿度为70％～75％	蛋鸭笼养舍内环境控制技术规程	DB44/T 160—2003
温度：0～3周龄育雏室应加强保温工作，使室温适合而平稳，夜间温度比白天高1～2℃，即1周龄30～35℃；2周龄25～30℃；3周龄逐渐减到自然温度 湿度：舍内相对湿度应保持在60％～70％	三水白鸭 种鸭饲养管理技术规范	DB32/T 910—2006
温度：笼养蛋鸭饲养环境温度为5～27℃，温度过低或过高时应采取防寒或防暑措施。最适宜的环境温度为13～20℃ 湿度：产蛋鸭饲养的适宜湿度为55％～60％	笼养蛋鸭饲养管理技术规程	DB34/T 3008—2017
温度：鸭舍内环境温度范围控制在5～27℃，过高或过低都必须采取防暑降温或防寒措施 湿度：应及时更换垫料，加强通风换气，保持舍内湿度低于70％	巢湖鸭青年鸭饲养管理技术规程	DB34/T 1646—2012

表3-2　蛋鸡在不同季节的推荐通风需要量

体重（kg）	推荐通风需要量［m³/（h·只）］		
	冬季	温暖季节	夏季
0.45	0.2	0.8	1.7～2.5

（续）

体重（kg）	推荐通风需要量［m³/（h·只）］		
	冬季	温暖季节	夏季
2.0	1.0～1.2		9.4
2.5	1.2～1.4		11.2
3.5	1.5～1.8		14.4

二、光照参数

环境因素中，光照是影响产蛋的主要因素之一。光照因素的变化，一般需要在7～10d才能显示出效果。在蛋鸭产蛋过程中，不能为了促进产蛋而突然增加光照，一般通过逐渐延长光照时间来调控光照环境。

光照的强弱、光色及光照的时间和周期等都会影响蛋鸭的生产性能。在育雏期、育成期和产蛋期不同发育阶段的蛋鸭对光照的需求不同。目前，蛋鸭的光照制度尚无统一标准。但是，不同地区根据当地的蛋鸭品种、环境条件等制定了一些地区标准（表3-3）。

表3-3　国内蛋鸭光照标准

摘　　要	名称	编号
通宵弱光（5～10lx）照明，其中16～17h应为15lx，灯泡离地2m，备应急灯	绍兴鸭饲养技术规程	NY/T 827—2004
肉禽16～24h，晚上弱光（10～15lx）。蛋禽和种禽：1～3d光照24h，育雏期和育成期根据日龄确定恒定的光照时间，产蛋期14～17h，禁止缩短光照。备应急灯	无公害食品家禽养殖生产管理规范	NY/T 5038—2006
1周龄，23～18h，20lx；2周龄，18～16h，20lx；3周龄，16h，20lx；其他阶段自然光；宜用白炽灯，备应急灯	白嗉黑鸭饲养管理技术规程	DB23/T 1898—2017
1周龄，23～24h；2周龄，20～22h；3周龄，16～20h；其他阶段自然光；备应急灯，舍内保持弱光	高邮鸭饲养技术规程	DB32/T 910—2006

（续）

摘　　　要	名称	编号
0～6周龄：1～3d为24h，4d后每天减少0.5h，直至自然光照。7～12周龄：自然光照，通宵弱光（3～5lx）。17～72周龄：自然光照＋人工补光。日均光照时间逐渐增加，人工光照每次增加1h，每隔7h增加1次，直到16～17h/d。光照稳定后，不得增减。通宵以弱光（3～5lx）照明	无公害农产品蛋鸭饲养管理规程	DB3201/T 042—2004
晚上补光，产蛋期16～17h	蛋鸭笼养技术规程	DB3205/T 118—2006
产蛋前期：每70m² 安装1个25W灯泡，整晚照明，冬季每70m² 安装1个100W灯泡，整晚照明。产蛋高峰：每70m² 安装2个60W灯泡，整晚照明。冬季每70m² 安装2个100W灯泡，整晚照明。备应急灯	蛋鸭圈养技术规程	DB3212/T 091—2013
8～10h，5～8lx，舍内弱光通宵照明，以方便鸭群夜间休息、饮水、防止老鼠、鸟兽活动引起的惊群	巢湖鸭青年鸭饲养管理技术规程	DB34/T 1646—2012
商品肉鸭23h，10～15lx。商品蛋鸭和种鸭，育雏、育成期10～15h，8～10lx；产蛋期16～17h，5～8lx	低温条件下鸭饲养管理技术规程	DB34/T 1648—2012

对于封闭式鸭舍，完全依靠人工光照相对容易控制；对于开放式鸭舍，受自然光照影响较大，而自然光照在强度和时间上随季节波动变化，必须用人工光照对自然光照加以调整和补充，以便更好地适应蛋鸭的生长发育。蛋鸭育雏阶段，在光照条件充足的环境下雏鸭才能熟悉环境，进行觅食和饮水。育雏最初几天，光照度应比正常光照度强2～3倍，光照度为20lx较佳，即每平方米应有2W带灯伞白炽灯。2～3d后光照度逐步减弱，最后光照度为5lx，也就是每平方米有0.5W带灯伞的白炽灯光源。

育成期光照时间过短将延迟蛋鸭性成熟，时间过长则使性成熟提前。过早成熟的鸭开产早，蛋重轻，产蛋率低，产蛋高峰持续期短。刚开产阶段，生产中可以每周增加15min光照，或2周增加0.5h光照，直到增加到16h光照。比较理想的补光方法是早晨补充光照，这样更符合禽类的生理特点，且每天的产蛋时间可以提前，便于早上捡蛋。

笔者最新的研究表明，以后备期（6～15周龄）蛋鸭生长性能、繁殖系统和骨骼发育为评价指标，推荐8～10h/d的光照时长；产蛋期（6～15周龄），16.56～16.93h/d的光照能改善蛋鸭的生产性能、繁殖器官和卵泡发育；17.79～18h/d的光照能改善蛋鸭的骨骼和蛋壳质量。

光照能刺激鸭脑下垂体和内分泌腺的分泌，促进产蛋。因冬季昼短夜长，自然光照时间短，特别是阴雨天气光线暗，不仅影响鸭采食、活动，还影响产蛋性能。要保持高产稳产，必须补充光照。生产实践表明，冬季适宜的光照刺激可提高产蛋率20％～25％。人工补充光照方法：①一般光照采用2.5～3.5W/m²（每15～20m²安装1个40～60W照明灯），灯泡距离地面1.5～2m，装灯罩；②每天早（4：00—6：00）、晚（17：00—20：00）各补充光照1次，时间应相对固定，可根据当地光照情况和特殊天气调整，使产蛋期每天舍内光照时间保持16h（贺凡，2018；朱丽莉等，2019；荣迪，2019）。全封闭式鸭舍直接用灯光保证16h光照；开放式和半开放式鸭舍，需要采用人工补光＋自然光照，确保光照时间不少于16h（赵平，2018）。此外，不推荐使用大功率灯泡，会导致光线分布不均，宜使用多个小功率灯泡，分散在鸭群上方。每个灯泡每隔半个月都需要用干布擦拭，擦去灰尘，保持干净卫生，维持好亮度。

三、空气质量及微生物参数

雏鸭舍中氨气的浓度应低于（10mg/m³），成鸭舍应低于15mg/m³。《畜禽场环境质量标准》（NY/T 388—1999）规定，雏鸭舍二氧化碳浓度的上限标准为1 500mg/m³，根据二氧化碳浓度平衡原理，二氧化碳浓度参数标准可以不高于 5 000mg/m³。硫化氢允许浓度为10mg/m³，最好在6.6mg/m³以下。一般鸭舍中总粉尘质量浓度的最高允许值为4.2mg/m³。

畜禽场空气环境质量参数详见表3-4。

表 3-4　畜禽场空气环境质量（≥5000 只禽场）

项目	缓冲区/场区	雏舍/成禽舍
氨气（mg/m³）	2/5	10/15
硫化氢（mg/m³）	1/2	2/10
二氧化碳（mg/m³）	380/750	1 500
PM$_{10}$（mg/m³）	0.5/1	4
TSP（mg/m³）	1/2	8
恶臭（稀释倍数）	40/50	70

对规模化全封闭式鸭舍的环境参数监测数据显示，在温湿度和通风合理控制的条件下，氨气测定浓度维持在13.18mg/m³以内，硫化氢无测定值。综合上述因素，建议氨气等有害气体指标参照《畜禽场环境质量标准》执行。

四、养殖密度与养殖规模

国外蛋鸭多采用地面或网上平养，在养殖密度方面，要求"空间限额应满足它们对整个环境、年龄、性别、活体重、健康和自由活动，以及进行包括物种社会行为在内的正常行为需求"，同时，对养殖规模，也就是"组的大小"也应"使其不会导致行为等紊乱或伤害"。

相比之下，我国制定了多个国家、行业或地方标准，对蛋鸭养殖模式、养殖密度和养殖规模进行了规范。《蛋鸭生产性能测定技术规范》（GB/T 29387—2012）中提到养殖场建设应包括鸭舍、运动场、戏水池等部分，同时规定了各部分比例，其对应的养殖模式为平养。《绍兴鸭饲养技术规程》（NY/T 827—2004）中规定育雏期采用舍内育雏的方式，地面平养，饲养密度 1～14 日龄为 35～25 只/m²，15～28 日龄为 25～15 只/m²。同时根据出壳时间和鸭体质强弱进行分群，每群 200 只左右为宜。育成期则采用圈养＋放牧相结合的方式，圈养场所鸭舍、运动场、水面比例不低于 1：2：3，饲养密度为 14～8 只/m²。产蛋期全程圈养，饲养密度为 7～8 只/m²，随日龄增加逐渐降低饲养密度。《无公害食品　家禽养殖生产管理规范》（NY/T 5038—2006）在养殖方式上推荐采用地面平养、网上平养和笼养。

1. **蛋鸭养殖密度参数**　笔者在查阅大量国内外文献，统计国内蛋鸭品种（包括兼用型鸭品种）的基本情况和主要养殖模式，研读国家、地方和企业蛋鸭相关技术标准的基础上，结合金定鸭饲养试验的研究结果，制定了不同品种的蛋鸭在不同养殖模式下、不同生长发育阶段的养殖密度参数，并给出了不利生产条件下的最大密度限值（表 3-5 至表 3-7）。

原始的放牧（半放牧）养殖模式，存在土地利用率低、人工效率不高、污染水源、经济效益低等问题，已不符合现代畜牧业生态、环保、优质、高效的发展需要，因此在此不针对放牧（半放牧）养殖模式给出相关饲养管理建议。

表 3-5　小型蛋用鸭养殖密度参数及限值

饲养阶段	养殖模式	养殖密度参数（只/m²）	适宜养殖密度参数（只/m²）	养殖密度限值（只/m²）
雏鸭（1～4 周龄）	地面育雏	35～15	15～25	45
	网上育雏	45～20	20～35	55
	笼养育雏	55～30	30～45	65
青年鸭（5～10 周龄）	地面平养	15～10	10～12	18
	网床平养	18～12	12～15	20
	立体笼养	28～15	15～20	30

（续）

饲养阶段	养殖模式	养殖密度参数 （只/m²）	适宜养殖密度参数 （只/m²）	养殖密度限值 （只/m²）
青年鸭（11 周龄至 开产前 2 周）	地面平养	9～5	5～6	12
	网床平养	13～7	7～10	16
	立体笼养	16～9	9～12	19
产蛋鸭	地面平养	6～3	3～4	7
	网床平养	7～5	5～6	8
	立体笼养	15～7	7～9	16

注：除立体笼养密度按照占用笼位面积计算，其余养殖模式均按舍内面积计算，运动场与戏水池面积不计在内，舍内面积与运动场、戏水池的面积比例不低于 1∶2∶3。下同。

表 3-6　中型蛋用鸭养殖密度参数及限值

饲养阶段	养殖模式	养殖密度参数 （只/m²）	适宜养殖密度参数 （只/m²）	养殖密度限值 （只/m²）
雏鸭 （1～4 周龄）	地面育雏	30～10	20～10	40
	网上育雏	40～15	30～15	50
	笼养育雏	50～20	40～20	60
青年鸭 （5～10 周龄）	地面平养	12～8	8～10	15
	网床平养	15～10	13～10	18
	立体笼养	25～15	20～15	28
青年鸭（11 周龄至 开产前 2 周）	地面平养	8～4	4～5	10
	网床平养	12～6	8～6	15
	立体笼养	15～8	10～8	18
产蛋鸭	地面平养	5～2	2～3	6
	网床平养	6～4	4～5	7
	立体笼养	12～6	8～6	13

表 3-7　大型蛋用鸭养殖密度参数及限值

饲养阶段	养殖模式	养殖密度参数 （只/m²）	适宜养殖密度参数 （只/m²）	养殖密度限值 （只/m²）
雏鸭 （1～4 周龄）	地面育雏	25～10	15～10	30
	网上育雏	35～15	25～15	45
	笼养育雏	45～20	35～20	65

（续）

饲养阶段	养殖模式	养殖密度参数（只/m²）	适宜养殖密度参数（只/m²）	养殖密度限值（只/m²）
青年鸭（5～10周龄）	地面平养	10～6	6～7	12
	网床平养	12～8	12～8	15
	立体笼养	22～12	15～12	25
青年鸭（11周龄至开产前2周）	地面平养	5～3	3～4	8
	网床平养	10～5	5～7	13
	立体笼养	12～7	7～8	15
产蛋鸭	地面平养	3～1	1～2	4
	网床平养	4～2	2～3	6
	立体笼养	8～4	4～5	11

2. 蛋鸭养殖规模参数　因试验条件有限，笔者尚未开展更大数量的群体规模试验。仅从蛋鸭网上平养的养殖规模试验结果出发，综合考虑青年蛋鸭的生长发育和性成熟，产蛋鸭的产蛋率、料蛋比、破蛋率以及存活率，建议金定鸭网上平养（旱养）时采用小群饲养，适宜的养殖规模为育成期每群60～90只，预产期每群40～60只，产蛋期每群30只。

但动物试验一直存在一个问题，即环境可控的小群体试验结果是否能够应用于大规模的生产实际。我国蛋鸭相关标准建议，龙岩山麻鸭、绍兴鸭、金定鸭等蛋鸭品种，1～28日龄育雏期间，地面平养的群体规模为每群200只，网上平养为每群50～70只；白嗉黑鸭采用地面平养时，成年鸭的饲养规模为每群300～500只。蛋鸭规模化养殖，采用地面平养和网上平养育雏，1～28d的群体规模为每群300～500只，育成期和产蛋期采用地面平养，配备陆上和水上两个运动场，面积分别为鸭舍的1.5～2倍，29日龄至开产前的群体规模为1 500～2 000只，产蛋期群体规模为每群3 500只。稻鸭共育模式，群体规模不超过120只；稻鱼共育模式，群体规模为每群2 000～2 500只。可见，不同蛋鸭品种、不同养殖模式、不同饲养阶段的群体规模差异较大。

从试验的角度出发，金定鸭网上平养的适宜养殖规模为育成期每群 60～90 只，预产期每群 40～60 只，产蛋期每群 30 只。同样，从蛋鸭健康、福利以及生产性能考虑，笔者建议蛋鸭进行小群饲养。但在实际生产中，蛋鸭生产者应根据自身实际，充分考虑养殖模式、蛋鸭品种、鸭舍布局与设备配置、成本预算、人工操作、饲养管理及环境保护需求，选择合适的群体规模进行生产。

第四章
蛋鸭饲养环境管理案例

第一节　蛋鸭笼养

　　随着国家环境治理的推进，传统地面平养结合池塘洗浴的养殖模式在很多地方被禁止，这使得蛋鸭笼养模式在近年得到快速推广，逐步成为当前蛋鸭养殖的主导模式。蛋鸭笼养不仅突破了水面对蛋鸭养殖业发展的限制，同时也由于该模式下蛋鸭所产鸭蛋干净、无粪污，且蛋大、收购价高，反向推动了蛋鸭笼养在整个产业中的发展和完善。最初的蛋鸭笼养为 A 型笼（阶梯笼），因有部分重叠，且鸭粪较稀，排粪时为喷射状，上层笼鸭粪很容易排到下一层鸭身上，故近年来发展为以层叠笼（H 型）为主，该型笼可以很好地避免此类问题。最初的层叠笼采用背靠背 5 开门，每笼养 2 只蛋鸭，虽然这种养殖方式的产蛋率高、料蛋比低，但造价较高；且由于饲养密度小，设备成本相对较高；加上长期不洗浴，笼养鸭眼部和头部结常会有粪污结痂，这虽对产蛋量影响不大，但影响淘汰鸭售价。改为 H 型大笼养殖后，每周可通过水槽放水洗浴 1 次，蛋鸭不再有头部粪污结痂发生，同时采用串联式自动集蛋装置，增加饲养量的同时可节约大量人工，养殖效益大幅提高。因此，目前蛋鸭养殖以 H 型大笼结合串联式自动集蛋装置为最佳饲养技术设施。

一、全封闭式智能化笼养

（一）广东省开平市旭日蛋品有限公司蛋鸭场（H型/大笼）

1. 企业概况　广东地区蛋鸭养殖量约 2 000 万只，养殖品种以山麻鸭、金定鸭和"青壳"系列蛋鸭配套系为主，主要集中在珠江三角洲地区的江门、惠州等地，主要以蛋品加工企业为龙头，通过"公司＋农户"模式经营为主。近年来，在国家和广东省现代农业产业园项目的推动下，现代化、规模化、集约化的蛋鸭养殖模式逐渐完善并得到推广。旭日蛋品有限公司是广东省重点农业龙头企业。该公司蛋品加工厂面积超过 21 000m²，总投资额达 2 800 多万元，是广东地区最大的蛋鸭养殖和蛋品加工企业，以优质咸鸭蛋和皮蛋为主要加工产品。产品深受消费者青睐，出口量占全国蛋制品出口总量的 50%。

视频 1

2. 蛋鸭饲养情况及其环境控制　目前该公司正在建设并投产大型集约化的蛋鸭养殖小区，在过去"公司＋农户"的基础上，建设公司直属的规模化蛋鸭养殖场，进一步完善蛋品加工产业链。该公司蛋鸭养殖小区整体上实现了生态化、智能化养殖，饲养技术设施采用目前国内最先进的 H型/大笼，并结合串联式自动集蛋装置和舍内环境智能化控制系统（图 4-1）。整条养殖生产线通过智能系统实现智能控光、控温、控湿、控制通风，以及自动喂料和收蛋（图 4-2）。鸭舍长 90m，宽 15.5m，檐高 4m，框架砖

图 4-1　全封闭式蛋鸭舍

73

墙结构，全封闭设计，通过水帘进行换气和降温（图4-3），单栋鸭舍养殖蛋鸭约2.2.万只，只需1~2个工人管理。养殖过程中采用移动式喂料槽，减少了饲料的浪费，杜绝了喂养过程中出现饲料霉变和被鸭叨啄玩耍的问题（图4-4）。鸭笼设计为5排、2组、4层，鸭笼间隔距离1.2m。H型笼（大笼）的单笼长1.2m、宽0.9 m、高0.9 m，每笼6只蛋鸭，给予蛋鸭较为舒适的活动空间和净高度，提高了动物福利（图4-5）。实地测量结果显示，舍内温度被精确地控制在（23±0.5)℃，相对湿度控制在65%~75%，风速在0.6~1.1m/s，氨气浓度在0.3~5.5mg/m³。由于4层叠笼设计，所以为保证光照的均一性，配套设计了高低间隔的灯光照明，光照度在18~80lx。全年产蛋率保持在85%~90%。

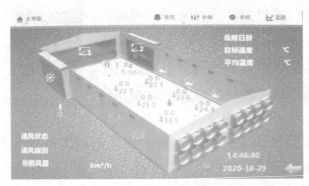

图4-2 舍内环境智能控制系统

视频2

图4-3 湿帘降温通风系统

图 4-4　自动供料、集蛋系统　　　　图 4-5　层叠式单笼（大笼）

视频 3　　　　　　视频 4　　　　　　视频 5

3. 全封闭式蛋鸭笼养的优缺点　该养殖模式不仅实现了蛋鸭完全脱离水面，突破了水面对蛋鸭养殖业发展的限制，并且通过完全封闭式管理，实现了与外界的完全防疫隔离，同时还能做到家禽防疫及药物使用的可溯源，最大限度地保障了蛋鸭健康，减少疫病发生；该模式所采用的智能化笼养设备生产线可实现自动喂水、喂料、集蛋、清粪以及环境控制，并通过粪污的资源化利用减轻了管理和环保的压力；该饲养技术设施能大大提高蛋品质量，降低养殖成本，提升产品市场竞争力。该养殖模式存在的主要不足之处就是养殖生产线的造价昂贵，首次投入大，在小型企业和农户难以推广。

（二）山东省佰牧农业科技开发有限公司蛋鸭场（H 型/大笼/洗浴槽）

山东是我国鸭蛋主产区之一，蛋鸭规模化、集约化养殖程度较高。本案例为山东佰牧农业科技开发有限公司下属蛋鸭场。该蛋鸭建有现代化的全封闭式笼养蛋鸭舍 4 栋，每栋长 96m，宽 16m，檐高 4.5m，鸭舍间距 6m（图 4-6）。鸭舍为钢架结构，距地面 1m 以下为砖墙，距地面 1m 以上和屋顶均为彩钢板，檐下 1m 安装一通风小窗，小窗尺寸为 57cm×0.28cm。每栋鸭舍配套水帘、纵向风机、横向风机、料塔、喂料机、照明和集蛋系统，采用

视频 6

AC2000 环境控制系统，能通过互联网控制鸭舍内环境，实现智能控光、控温、控湿、控制氨气、控制通风、自动喂料和集蛋（图 4-7）。集蛋系统采用滚轴式，4 栋鸭舍的鸭蛋可自动收集至收蛋舍，收蛋舍和鸭舍垂直（图 4-8）。每栋鸭舍安装五列四层蛋鸭笼（单列 56 组），每笼养 36 只蛋鸭，每栋鸭舍合计养殖量为 40 320 只（图 4-9）。每组蛋鸭笼为 1.5m×1.5m，一侧料槽喂料，另一侧料槽上装乳头饮水线，饮水线下料槽除接收漏水外，可定期放水让鸭洗浴头部，减少头部粪污结痂发生（图 4-10）。采用 LED 灯照明，光照时长 17h，光照度 15～25lx，温湿度和通风量随季节变化及时调整；冬季氨气控制一级阈值为 20mg/m^3，氨气浓度大于 20mg/m^3 时启动 2 台纵向风机，二级阈值为 25mg/m^3，氨气浓度大于 25mg/m^3 时启动另外 2 台纵向风机。90% 以上产蛋率维持 4～5 个月，蛋鸭 500 日龄产蛋数可达 315 个以上，饲料转化率（2.65～2.7）∶1，产蛋期死淘率小于 3%。虽然这种鸭舍的建设费用较高，但由于单位面积养殖量大，自动化程度高，用工少，其鸭蛋养殖成本比小笼饲养低约 2.5%。

图 4-6　连排鸭舍外部

图 4-7　集中收蛋系统

图 4-8　联合集蛋系统

图 4-9　H 型大笼饲养

图 4-10　四层洗浴槽

（三）湖北省神丹健康食品有限公司福利蛋鸭场（H 型/小笼）

安陆地区是湖北省蛋鸭主要养殖区之一，饲养方式主要有地面平养结合水面的传统养殖、稻鸭共作养殖、蛋鸭笼养等多种模式。

湖北省神丹健康食品有限公司是国内蛋鸭养殖和蛋品加工龙头企业，本案例为其下属福利蛋鸭场。该蛋鸭场采用全封闭式蛋鸭笼养生产技术设施（图4-11）。在整个蛋鸭养殖区，鸭舍为东西走向，长90 m，宽13.5m，檐高4.5m，屋脊高5.5m。鸭舍墙体为10.0cm厚彩钢结构，屋顶为15cm厚彩钢结构（图4-12）。鸭舍内布局为四列五车道，两侧走道宽2m，中间走道宽1.5m。

图4-11　蛋鸭层叠式笼养示范场全景

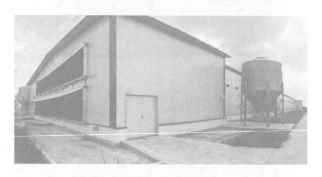

图4-12　鸭舍外部

　　整个鸭舍采用湿帘纵向负压通风，湿帘位于鸭舍净道端的山墙及两侧。风机位于污道山墙上，分两层排列，每层7个，风机功率为1.2kW，直径为1.4m。侧墙上共有58个通风小窗，其中南侧纵墙29个，北侧纵墙29个，间距3m。笼具为四层层叠式蛋鸭笼，每组笼具的单笼规格为30cm（长）×45cm（宽）×50cm（高）。每个单笼饲养蛋鸭2只（图4-13）。饲养蛋鸭品种为当地培育的杂交蛋鸭，1栋鸭舍可存栏蛋鸭2万只。

图 4-13　蛋鸭层叠式笼养车间内部

　　鸭舍采用智能控光、控温、控风系统，配备自动喂料和收蛋设备，自动化程度高（图 4-14）。一名工人管理 3 栋鸭舍，并配备一名运蛋工。夏季鸭舍平均温度为 27℃，相对湿度为 77.91％，二氧化碳浓度为 500～900mg/m³，氨气浓度在 15mg/m³ 以内。冬季设定鸭舍内温度为 19℃，高于此温度温控风机正常开启。冬季鸭舍平均温度为 20℃，相对湿度为 85％，二氧化碳浓度在 1 500～2 500mg/m³，氨气浓度平均为 25mg/m³ 左右，未检测到硫化氢。该饲养模式下笼养蛋鸭 18 周龄产蛋率达到 70％，蛋重 45g 左右；高峰产蛋率达到 93％，蛋重 67g 左右。

图 4-14　自动集蛋设备

　　该养殖场全封闭式蛋鸭笼养模式运行效果良好，自动化率高，节省了人力和物力。生产实行"全进全出制"，有利于鸭群的饲养管理。氨气浓度控制在国家标准之内，未检测到硫化氢，有害气体控制较好。通过与传统蛋鸭养殖模式对比，全封闭蛋鸭笼养下产蛋水平有了较大提高，且蛋壳干净，减少了病菌的传播。由于单笼饲养2只鸭，可能发生踩踏，以及鸭脖卡在笼缝之中，极易造成个体受伤甚至死亡。因此，笼具规格及结构仍待优化。另外，四层层叠式鸭笼较高，不易发现死亡鸭，需要研发智能化识别手段。

（四）江苏省高邮鸭集团育种场（A型/小笼）

华东地区蛋鸭饲养量较大，主要集中在江苏里下河地区、山东微山湖和马踏湖地区、安徽巢湖地区，这和本区域内有蛋品加工的传统有关，仅江苏省高邮市年加工鸭蛋就达10亿个。本案例为江苏省高邮鸭集团下属的育种场，该场采用全封闭式个体笼养和湿帘通风系统。蛋鸭舍为砖混结构，屋顶为夹心板，长90m，宽11.5m，檐高3m，两侧每隔4m有1个铝合金窗（1.5m×1m）（图4-15）。湿帘位于鸭舍净道端的山墙及两侧，风机位于污道山墙上，其中2台风机为变频（图4-16）。鸭舍内安装三列三层A型笼，配套自动喂料机和照明系统，笼下安装传粪带（图4-17）。用于育种时，每组笼具的单笼规格为25cm（长）×45cm（宽）×50cm（高），每笼养1只鸭，未安装集蛋装置；用于生产时每组笼具的单笼规格为39cm(长)×45cm(宽)×

视频7

视频8

视频9

图4-15　A型蛋鸭笼

50cm（高），每笼养 2 只鸭，安装集蛋装置。

图 4-16　冬季变频通风

图 4-17　纵向和横向传粪带

鸭舍采用智能控光、控温、控风系统，配备自动喂料和收蛋装置，自动化程度较高。夏季用湿帘风机降温，温度可控制在 30℃以内；冬季变频风机定时通风，结合氨气探头控制氨气浓度在 20mg/m³ 以内。85％产蛋率可维持 5～6 个月，产蛋期饲料转化率为 2.7∶1 左右。A 型笼的缺陷就是由于两层笼间有部分重叠，且鸭粪较稀，排粪时为喷射状，上层笼鸭粪很容易排到下一层鸭身上，使鸭头部粪污结痂严重（图 4-18）。

图 4-18　鸭头部粪污结痂

81

二、半开放式笼养

南方地区因高温高湿的气候特点，蛋鸭养殖通常采用开放式和半开放式鸭舍。近年来，随着蛋鸭笼养的逐步推广与应用，蛋鸭饲养多采用半开放式笼养模式（图4-19）。早期此类设备在蛋鸭笼养的过程中暴露出较多问题。首先，由于鸭生性喜水，会长时间摆弄饮水器乳头来获得水流，这一方面浪费水资源，另一方面增加羽毛的湿度，增大舍内的湿度，在极端天气条件下，会导致产蛋量骤然下降。其次，浪费的水和粪便混合在一起，增加环境污染的同时，滋生大量有害细菌，产生有害气体。当鸭舍通风等条件不佳时，蛋鸭就可能因为环境因素、细菌毒素、有害气体等因素抑制生产性能。此外，由于鸭脚掌的握持能力和鸡相比较差，鸡笼为了蛋能方便滚到蛋筐中而增加底面的斜度，应用到蛋鸭笼养中会导致蛋鸭站立不稳，常常需要抵抗倾斜的坡度，出现大量蛋鸭脚掌破裂的问

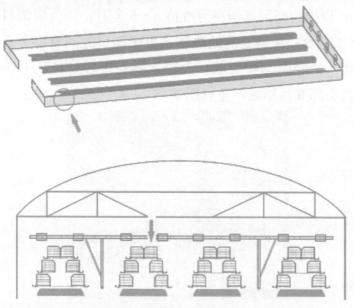

图4-19 半开放式笼养鸭舍内布局（戴子淳等，2019）

题，影响鸭的健康和产蛋效率。近年来，根据蛋鸭养殖的需求，笼养设备公司对鸭笼进行了较多的调整和改良。

本案例为广东省农业科学院动物科学研究所试验蛋鸭场，该场位于广州市增城区，所采用的蛋鸭笼是根据蛋鸭特点改良后的A型蛋鸭笼，对于推广蛋鸭笼养技术有很好的示范价值（图4-20）。鸭舍的建筑结构为砖混框架结构，鸭舍长76.6m，宽10m，高2.8m，东南和西北侧墙半开放，顶棚无通风窗，顶部装有吊扇。为了保护鸭蛋不被鼠偷食，全部窗户均加装了铁丝网(图4-21)，

视频10

并可以通过调整塑料布下降的长度来控制自然光照的强度。

该蛋鸭场共有鸭笼4排，每排2层，2排鸭笼为一组，长61.45m，宽2.1m，高1.5m。鸭笼间隔距离1.6m，舍内共计饲养山麻鸭1 008只，鸭舍的最大养殖上限为2 000只。单个鸭笼长0.3m，宽0.45m，高0.5m，底面倾斜角度为7°。舍内配制有刮粪板，并通过槽状排水器有效地减少了鸭玩耍饮水器而导致的羽毛湿透和水粪混合的问题（图4-22）。监测期间产蛋率为85%～90%，白天采用自然光照，晚上采用LED灯补光，补光设备使用定时断电装置控制光照时长（图4-23）。产蛋期光照时长为18h，光照度在13～63lx，相对湿度在60%～85%，温度在31～35.5℃，室内风速在0～0.6m/s，氨气浓度在0.2～4.5mg/m³。

图4-20　半封闭鸭舍内A型笼

图4-21　窗户自然通风（加装有防鼠网）

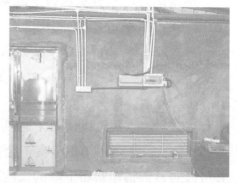

图 4-22　鸭笼及沟状排水器

图 4-23　自动控光系统

　　相较于全封闭式智能化笼养，该案例的设备造价较为便宜，不用配备智能环境控制系统。该模式最大的优点是适合在中小企业和养殖户中推广应用，能满足蛋鸭笼养的基本需求。同时，相比传统的水面养殖模式，该模式能做到完全脱离水面养殖，符合当前环保和土地使用的要求。本案例因较难做到严格的环境控制，所以在养殖规模上与全封闭式鸭舍有较大差距。一是在养殖密度上，半开放式鸭舍一般为 2 层笼，而全封闭式鸭舍一般为 4 层笼，甚至更多，半开放式鸭舍的养殖密度约为 7.5 只/m²，全封闭式鸭舍的养殖密度约为 12 只/m²；二是由于笼养蛋鸭对饲养环境更为敏感，半开放式蛋鸭笼养相比于全封闭式蛋鸭笼养，由于环境控制比较难，容易受到外界天气变化的影响，使得蛋鸭生产性能易于受外界环境干扰而导致生产效率和产品质量降低。目前，蛋鸭笼养技术已经比较成熟，不管是青年鸭上笼技术，还是种鸭人工授精技术，或者笼养蛋鸭的营养需求和养殖环境控制技术，都已形成较为完善和系统的技术支撑，大大促进了蛋鸭笼养技术在全国范围内的推广应用。

第二节　蛋鸭平养

一、半开放式平养

半开放式平养以湖北省神丹健康食品有限公司福利蛋（种）鸭场为例进行阐述。

在当前的蛋鸭笼养过程中，虽然笼养模式拥有诸多优势，但因养殖鸭种的不同，会造成笼养蛋鸭的应激较大，掉毛严重，这种现象在小笼养殖种鸭中尤为突出，严重影响了种鸭健康和淘汰蛋（种）鸭的售价。部分蛋鸭养殖企业在蛋（种）鸭养殖过程中，为了提高动物福利，减少笼养带来的负面影响，在鸭饲养过程中采用漏缝地板进行半开放式地面平养，可以有效消除笼养带来的对蛋（种）鸭的不利影响。

湖北省神丹健康食品有限公司下属的福利蛋（种）鸭场以蛋制品加工和蛋（种）禽养殖为主营业务。该企业下属的福利蛋（种）鸭场位于湖北省安陆市，采用半开放平养舍进行种鸭养殖。鸭舍的建筑结构为彩钢板结构（图 4-24）。鸭舍长 30m，宽 6.5m，高 2.5m，南侧墙半开放，顶棚无通风窗。鸭舍被隔开分成 5 个区间，每个区间长 6m 配有运动场（图 4-25）。舍内共计饲养山麻鸭 1 800 只，产蛋率为 85%。舍内采用漏粪地板，配有刮粪板，实现自动清理粪便（图 4-26）。鸭舍白天采用自然光照，晚上采用 LED 灯补光（图 4-27）。光照时长控制在 18h，光照度在 1～32lx，相对湿度在 65%～85%，温度在 30～35.5℃，室内风速在 0～0.2m/s，氨气浓度在 0.2～4.8mg/m³。

相对于笼养模式，平养的蛋鸭毛色较为光亮，鸭的运动场范围较大，动物福利较好。但长期观察发现，笼养蛋鸭的产蛋率比平养更高，平均高 3%～5%，这可能和笼养蛋鸭场环境控制更为严格、环境更为稳定有关。平养模式的劣势是对土地面积的需求较大，单位面积上养殖鸭的数量只有笼养蛋鸭的 1/4 左右。但平养模式初期投入的设施成本较低，鸭的应激较少，对环境敏感程度低。该蛋（种）鸭场 8 月室外温度在中午能达到 38℃ 左右，室内温度最高超过 35℃，在没有任何降温设备的情况下，蛋鸭的整体精神状态未受到较大影响，产蛋率相对于其他时期仅小幅下降，没有出现大幅度的波动。这可能和饲养密度低、动物易散热有关。该蛋（种）鸭场在保障动物福利和推动现代化养殖中有较好的平衡。

图 4-24　半开放式种鸭舍

图 4-25　种鸭舍运动场

图 4-26　室内漏粪地板及产蛋区

图 4-27　蛋鸭舍夜间补光

二、半开放式网上平养

半开放式网上平养以西昌市华宁农牧科技有限公司蛋鸭场为例进行阐述。

四川省蛋鸭产蛋量约占全国总量的 4%，养殖品种以绍兴鸭、四川麻鸭、金定鸭及"青壳"系列蛋鸭配套系为主，但由于该省技术较为薄弱，起步较晚，发展较慢，规模化养殖场比例较低，所以仍然以传统小规模养殖方式为主。本案例是西昌市华宁农牧科技有限公司下属的蛋鸭场。该蛋鸭场地处四川省凉山彝族自治州西昌市，西昌市属于热带高原季风气候区，素有小"春城"之称，蕴藏着丰富的气候资源，具有冬暖夏凉、四季如春、雨量充沛、降雨集中、日照充足、光热资源丰富等特点。

该蛋鸭场采用目前在该地区较为流行的高床平养模式，鸭舍为半开放式。实地监测结果显示，蛋鸭的适应温度范围为 15～25℃，育雏期雏鸭 1 周龄内温度为 30～32℃，2～4 周龄每周降低 2～3℃，直至温度降到 20℃左右逐步脱温；后备期蛋鸭采用 8～10h/d 的光照时长，产蛋期蛋鸭采用 16～17h/d 的光照时长。舍内氨气等有害气体指标参照《畜禽场环境质量标准》执行。金定鸭在网上平养的饲养密度为：育成期和预产期为 8 只/m²，产蛋期为 5 只/m²。该公司采用"公司＋农户"的组织模式，发展金定鸭养殖户 38 家，均采用统一的标准化半开放式网上平养模式（图 4-28），网上配备料槽、水线及饮水器、产蛋箱等（图 4-29），每栋鸭舍饲养规模为 1 000 只（图 4-30），统一育雏并提供饲料及免疫接种。因四川省西昌市全年平均气温在 17～20℃，日照充足，有"日光城"之称。农户饲养蛋鸭只需在冬季夜间关闭门窗进行保温，白天日出后即开窗通风换气；夏季短时间高温时加强通风并喷水降温，舍温控制在夏季 22～25℃、冬季 15～18℃（表 4-1）。每天早晚各补充光照 1

次，时间应相对固定，保证产蛋期每天舍内光照时间保持在16h。网床用围栏分割为多个小区，实行分群饲养，每个饲养蛋鸭小群30只左右（图4-31、图4-32），约530日龄淘汰。按以上条件饲养期蛋鸭平均成活率为90%，开产日龄为140～143d，入舍鸭产蛋数为260～270个，商品蛋合格率为95%以上。

图4-28　半开放式网上平养设施

图4-29　网上配备的料槽、饮水器

图4-30　半开放式网上平养的蛋鸭

图4-31　网上分栏饲养

图4-32　半开放式网上分栏平养蛋鸭

表 4-1　半开放式网上平养蛋鸭舍内环境参数

项　　目	春秋季	夏季	冬季
养殖密度（只/m²）	5	5	5
养殖规模（只/群）	30	30	30
温度（℃）	20～25	28～32	5～10
湿度（%）	50～60	60～70	45～55
光照	自然光照	自然光照	自然光照
氨气浓度（mg/m³）	2～3	2～4	2～3
二氧化碳浓度（mg/m³）	1 500～2 500	1 500～2 500	1 500～2 500

　　从整体规模来看，蛋鸭生产主要集中在具有传统资源优势和新兴技术优势的华中、华东地区，四川省蛋鸭生产规模较小，养殖方式以传统有水养殖为主，近年来一直面临严峻的环境形势。蛋鸭高床平养将蛋鸭置于离地网床上饲养，是一种新型的旱养模式，是为了追求规模化养殖和环境治理保护间的平衡而进行的有益探索。蛋鸭高床平养能提高养殖密度，隔离粪便，改善饲养环境，提高成活率，改善产蛋性能，降低防疫风险和养殖成本，也有利于粪污处理，减少环境污染。但因需要在网上配备采食槽、饮水器和水线，设置产蛋窝和排泄区，网下需安装刮粪板等设施设备，故前期需要一定的投入，这就导致其在中小型养殖户中的推广有一定困难。在本案例中，华宁农牧科技有限公司采用"公司+农户"模式组织生产，一定程度上解决了农户养殖的后顾之忧，并且有该公司作为技术支撑，养殖效果比较理想，对助农增收和脱贫致富起到了促进作用。

第三节　蛋鸭生态养殖

　　本部分介绍的蛋鸭生态养殖模式主要指稻鸭共育生态养殖。稻田养鸭在我国广大的稻谷产区有着悠久的历史和传统，至今在我国西南地区尤其是四川省仍比较盛行。乐山市地处四川省中部，位于四川盆地的西南部，地势西南高，东北低，属中亚热带气候带，全年平均气温在16.5～18℃，气候湿润，雨量丰沛，是四川省水稻的高产区，长期以来就有稻田养鸭的历史。乐山市是四川麻鸭的中心产区之一，四川麻鸭是广泛分布于四川水稻田产区的优良地方肉蛋兼用品种，该品种具有早熟、放牧能力强的特点，在当地具有较大的饲养量和规模。在四川省畜牧科学研究院、四川农业大学等单位技术指导下，四川麻鸭的养殖水平不断提高，发展势头良好。

乐山蛋鸭饲养区的饲养模式主要有地面平养和稻鸭共育两种。地面平养群体规模一般为5 000～10 000只，育雏期采用室内平养，按照育雏温度要求保暖至脱温，育成期和产蛋期则直接放养入稻田（图4-33），并修建全开放式或半开放式鸭舍（实为休憩棚）。设施设备较为简单，产蛋期饲养密度为10只/m^2，开产后早晚进行人工补光，每天光照时间达到16h。开产日龄约为130d，开产体重约2 050g，高峰期产蛋率为90%以上，料蛋比约为2.80∶1。稻鸭共育模式蛋鸭群体规模较小，在地面或网上育雏后，10～15日龄、秧苗移栽后7～10d，按10～20只/亩（1亩≈667m^2）进行放牧（图4-34）。如饲养数量较多时，可以在田边选一地势高燥的地方修建开放式鸭棚（图4-35），鸭棚高出农田20cm以上，坐北朝南，产蛋鸭按照7～8只/m^{2}决定鸭棚面积，运动场朝向稻田，向稻田倾斜15°，以利排水，为防潮湿，还可铺设竹板网；如饲养数量较少时，可制作简易鸭棚放置在田边。稻鸭共育模式采用自然温度及自然光照，开产日龄较地面平养模式延迟，在145d左右，

图4-33　地面平养蛋鸭放入稻田

开产体重为 2～2.3kg，高峰期产蛋率为 80% 左右，料蛋比为 4.25：1。鸭舍内环境条件主要依赖当地天气条件，由于是完全开放式养殖，舍内环境条件在不同季节差异较大（表 4-2），对蛋鸭的生产性能也影响较大。

图 4-34　稻鸭共育

图 4-35　稻鸭共育模式开放式鸭棚

表 4-2　稻鸭共育模式蛋鸭舍内环境参数

项　　目	春秋季	夏季	冬季
养殖密度（只/m²）	10	10	10
养殖规模（只/群）	50～150	50～150	50～150
温度（℃）	20～25	28～32	5～10

（续）

项　目	春秋季	夏季	冬季
湿度（%）	50～60	60～70	45～55
光照	自然光照	自然光照	自然光照
氨气浓度（mg/m³）	2～3	2～4	2～3
二氧化碳浓度（mg/m³）	1 500～2 500	1 500～2 500	1 500～2 500

稻鸭共育技术是我国日放夜归传统稻田养鸭技术的继承和发展，是在实践中不断创新、不断完善而形成的一种全新的种养结合生态养殖技术，该模式充分发挥蛋鸭除草、捕虫、增氧、施肥的作用，减少或不用化肥和农药，降低种养成本，提高养殖产量，比单一的养殖或种植模式具有显著更高的环保、经济价值，且养殖设施设备投入低。目前，稻鸭共育养殖技术已经在我国的多个省、自治区得到了应用和推广，它既能生产无公害或绿色、有机农产品，丰富市场，又有利于粮食安全、节本增效和保护环境等，对当前调整稻区种植结构，促进农民增收、农业增效和农村可持续发展，具有十分重要的意义。但其最大的缺点是不适合规模化、集约化生产。

主要参考文献

陈岩锋，朱志明，陈冬金，等，2012. 鸭生态养殖模式的创新与发展 [J]. 中国畜禽种业，8（06）：124127.

陈才，龙君江，李振，2013. 抗热应激剂对肉鸭生长性能及血液生化指标的影响 [J]. 黑龙江畜牧兽医（04）：75-76.

陈鑫，2007. 低温和维生素 E 对笼养育成蛋鸭生长及生化指标的影响 [D]. 哈尔滨：东北农业大学.

程秀花，毛罕平，赵国琦，等，2012. 冬季密闭鸡舍温湿度和氨气浓度分布规律研究 [J]. 农机化研究，34（12）：210-213.

代雪立，肖敏华，宋晓琳，等，2010. 热应激对家禽肠道结构与功能影响的研究进展 [J]. 中国家禽，32（11）：41-43.

戴子淳，施振旦，李明阳，等，2019. 冬季笼养蛋鸭舍生产性能与环境因子关联性研究 [J]. 中国家禽，41（08）：34-38.

戴子淳，施振旦，应诗家，等，2020. 笼养蛋鸭舍环境因子与鸭免疫机能及生产性能的研究 [J]. 家畜生态学报，41；212（01）：48-54.

丁金雪，贺绍君，2018. 高温环境对家禽肠道生理功能的影响 [J]. 上海畜牧兽医通讯（3）：52-55.

傅秋玲，黄瑜，程龙飞，等，2017. 不同养殖模式蛋鸭疫病的检测与分析 [J]. 中国兽医杂志，53（3）：69.

高玉臣，2006. 产蛋鸭放养、圈养的优缺点及注意事项 [J]. 中国禽业导刊，20（5）：1.

高玉鹏，郭久荣，刘斌峰，等，2001. 热应激环境蛋鸡免疫力变化机理研究 I 免疫力、血浆皮质酮、耐热力之间的关系 [J]. 西北农林科技大学学报（自然科学版），29（4）：17-20.

顾春梅，俞坚群，李建芬，等，2011. 蛋鸭旱养喷淋对比试验结果分析报告 [J]. 畜牧与兽医（05）：109.

顾宪红，王新谋，汪琳仙，等，1995. 高温对蛋鸡甲状腺重及血浆甲状腺素的影响 [J]. 中国畜牧杂志（8）：10.

郭亮，2017. 蛋氨酸的来源和水平对热应激北京鸭蛋氨酸代谢和肠道健康的影响
　　［D］.武汉：华中农业大学.

郝二英，陈辉，2015. 有害气体对家禽生产性能的影响机制［J］.家禽科学（4）：5254.

侯水生，2019.2018 年度水禽产业发展现状、未来发展趋势与建议［J］.中国畜牧杂志，
　　55（3）：124-128.

郝二英，陈辉，赵宇，等，2015. 不同浓度氨气对蛋鸡生产性能、蛋品质的影响［J］.
　　中国家禽，37（19）：3639.

黄江南，韦启鹏，王德前，等，2013. 不同饲养方式对蛋鸭产蛋性能的影响及其机制
　　［J］.浙江农业学报，25（04）：717-723.

江宵兵，林如龙，王纪茂，等，2010. 不同喷淋模式对旱地圈养蛋鸭生产性能的影响
　　［J］.中国畜牧兽医，37（11）：205-208.

景栋林，陈希萍，于辉，等，2013. 笼养与平养蛋鸭的生产性能比较研究［J］.畜牧与
　　兽医，45（08）：59-61.

李桂明，曹顶国，黄保华，等，2011. 不同旱养模式对微山麻鸭生产性能与水质污染
　　的影响［J］.中国家禽，33（12）：15-17.

李新，梁忠，刘向萍，等，2019. 江苏省水禽饲养模式及设施设备调查［J］.中国家禽，
　　41（04）：73-76.

李俊营，詹凯，唐建宏，等，2016. 冬季六层层叠式笼养密闭式鸡舍环境质量测定与
　　分析［J］.中国家禽，38（13）：31-35.

李永洙，李进，张宁波，等，2015. 热应激环境下蛋鸡肠道微生物菌群多样性［J］.生
　　态学报，35（05）：1601-1609.

连京华，李惠敏，孙凯，等，2014. 浅谈禽舍内环境监控的重要指标及其适宜范围
　　［J］.家禽科学（3）：18-19.

梁振华，2016. 我国蛋鸭笼养研究现状与展望［J］.中国家禽，38（22）：14.

林海，杜荣，2001. 环境温度对肉鸡消化道内食糜排空和消化酶活性的影响［J］.动物
　　营养学报（01）：49-53.

林勇，2017. 不同饲养模式对鸭生产性能及环境源大肠杆菌耐药性的影响［D］.南
　　京：南京农业大学.

林勇，陈宽维，师蔚群，等，2016. 超长蛋鸭笼养舍内不同区域环境参数与蛋鸭生产
　　性能比较分析［J］.家畜生态学报，37（8）：31-35.

刘雅丽，李国勤，王德前，等，2011. 夏季控温笼养对不同品系缙云麻鸭生产性能的
　　影响［J］.畜牧与兽医（3）：34-36.

卢立志，2011. 蛋鸭生态养殖模式介绍［J］.农村养殖技术（16）：25.

芦燕，2009. 寒冷应激和核黄素对笼养育成蛋鸭生产性能及生化指标的影响［D］.哈尔滨：东北农业大学.

雒江执，王猫瑶，2010. 冬季密闭式鸡舍的通风管理［J］.养殖技术顾问（5）：11.

马爱平，2014. 持续日变高温对肉仔鸡消化酶活性、骨骼肌氮沉积及 HSP70 mRNA 转录水平的影响［D］.北京：中国农业科学院.

宁章勇，刘思当，赵德明，等，2003. 热应激对肉仔鸡呼吸、消化和内分泌器官的形态和超微结构的影响［J］.畜牧兽医学报（06）：558-561.

任延铭，王安，2000. 哈尔滨地区蛋鸭生产概况调查及提高蛋鸭生产性能的综合措施［J］.黑龙江畜牧兽医（08）：11-12.

荣迪，2019. 北方蛋鸭冬季饲养技巧［J］.四川畜牧兽医（341）：38-39.

史喜菊，冯梁，段俊秀，2003. 鸡冷热应激及其防制措施［J］.畜禽业（01）：24-25.

魏凤仙，2012. 湿度和氨暴露诱导的慢性应激对肉仔鸡生长性能、肉品质、生理机能的影响及其调控机制［D］.杨凌：西北农林科技大学.

魏凤仙，胡骁飞，李绍钰，等，2013. 慢性湿度应激对肉仔鸡生产性能及血液生理生化指标的影响［J］.河南农业科学，42（10）：137-141.

吴国权，王安，2008. 低温和硒对育成期笼养蛋鸭性发育及相关激素的影响［J］.动物营养学报（01）：29-33.

效梅，安立龙，许英梅，等，2003. 中药添加剂对热应激肉仔鸡热调节能力影响的研究［J］.甘肃畜牧兽医（03）：13-15.

肖长峰，吕文纬，朱丽慧，等，2020. 我国蛋鸭养殖的现状、问题及对策分析［J］.上海畜牧兽医通讯（04）：56-57.

邢焕，栾素军，孙永波，等，2015. 舍内不同氨气浓度对肉鸡抗氧化性能及肉品质的影响［J］.中国农业科学，48（21）：4347-4357.

杨景晃，祖全亮，王春玲，等，2017. 蛋鸡笼养育雏舍环境参数检测与分析［J］.中国家禽，39（13）：55-57.

杨焕民，李士泽，1999. 动物冷应激的研究进展［J］.黑龙江畜牧兽医（03）：42-44.

应诗家，杨智青，朱冰，等，2016. 发酵床垫料翻耙结合网床养殖改善鸭舍空气质量与鸭生产性能［J］.农业工程学报（3）：188-194.

袁学军，牛静华，吴海燕，等，2002. 冷应激对伊褐红公雏鸡外周血淋巴细胞数目变化的影响［J］.黑龙江八一农垦大学学报（01）：61-63.

翟双双，2014. 我国水禽养殖模式及存在的问题与展望［J］.广东饲料，23（01）：4648.

赵伟，陈宽维，林勇，等，2016. "苏邮1号"商品蛋鸭笼养和地面平养的生产性能比较[J].中国家禽，38（16）：74-76.

赵小丽，2018. 蛋鸭三种生态养殖模式分析[J].中国家禽，40（18）：66-68.

朱丽莉，李东光，韩雪，等，2019. 淡雅冬季饲养管理措施[J].贵州畜牧兽医，43
（1）：61-63.

周振雷，2007. 骨疏康防治笼养蛋鸡骨质疏松症的效果及其机理研究［D］.南京：南
京农业大学.

张庆茹，郭红斌，张红德，2007. 热应激对动物机体生理机能的影响[J].动物医学进
展（01）：101-105.

章双杰，陈兆潭，刘宏祥，等，2020. 不同平养模式对蛋鸭生产性能不同平养模式对
蛋鸭生产性能、蛋品质和淘汰鸭销售的影响[J].中国家禽，42（07）：44-47.

A Meyer，T X Dinh，T A Han，2018. Trade patterns facilitating highly pathogenic
avian influenza virus dissemination in the free～grazing layer duck system in Vietnam
[J].Transbound Emerg Dis，65：408-419.

Al～Aqil A，Zulkifli I，Hair B M，Sazili A Q，Rajion M A Somchit M N，
2013. Changes in heat shock protein 70，blood parameters，and fear-related behavior
in broiler chickens as affected by pleasant and unpleasant human contact [J].Poultry
Science，92（1）：33-40.

Appels A，Bar F W，Bar J，Bruggeman C，and de Baets M，2000. Inflammation，
depressive symptomtology，and coronary artery disease [J].Psychosom Med，62
（5）：601-605.

Archer G S，Shivaprasad H L，Mench J A，2009. Effect of providing light during
incubation on the health，productivity，and behavior of broiler chickens [J].Poultry
Science，88：29-37.

Bédécarrats G Y，McFarlane H，Maddineni S R，et al，2009. Gonadotropin-inhibitory
hormone receptor signaling and its impact on reproduction in chickens [J].General and
Comparative Endocrinology，163：7-11.

Bruzual J J，Peak S D，Brake J，et al，2000. Effects of relative humidity during
incubation on hatchability and body weight of broiler chicks from young breeder flocks
[J].Poultry Science，79（6）：827-830.

Burkholder K M，Thompson K L，Einstein M E，et al，2008. Influence of stressors on
normal intestinal microbiota，intestinal morphology，and susceptibility to Salmonella
enteritidis colonization in broilers [J].Poultry Science，87（9）：1734-1741.

Cardinali D P，Ladizesky M G，Boggio V，et al，2003. Melatonin effects on bone：

experimental facts and clinical perspectives [J]. Journal of Pineal Research, 34: 81-87.

Casey-Trott T M, Korver D R, Guerin M T, et al, 2017. Opportunities for exercise during pullet rearing, Part II: long-term effects on bone characteristics of adult laying hens at the end-of-lay [J]. Poultry Science, 96: 2518-2527.

Chen H, Huang R L, Zhang H X, et al, 2007. Effects of Photoperiod on Ovarian Morphology and Carcass Traits at Sexual Maturity in Pullets [J]. Poultry Science, 86: 917-920.

Chowdhury V S, Yamamoto K, Ubuka T, et al, 2010. Melatonin stimulates the release of gonadotropin-inhibitory hormone by the avian hypothalamus [J]. Endocrinology, 151: 271-280.

Cransberg P H, Parkinson G B, Wilson S, et al, 2001. Sequential studies of skeletal calcium reserves and structural bone volume in a commercial layer flock [J]. British Poultry Science, 42: 260-265.

Cui Y, Gu X, 2015. Proteomic changes of the porcine small intestine in response to chronic heat stress [J]. J Mol Endocrinol, 55 (3): 277-293.

De Andrade O B, Adami N P, 1976. Configuration of public health nursing functions. A program model of training required to perform these functions [J]. Rev Enferm Nov Dimens, 2 (6): 308-318.

Dennis M J, 1986. The effects of temperature and humidity on some animal diseases—a review [J]. Br Vet J, 142 (5): 472-485.

Dunn I C, Ciccone N A, Joseph N T, 2009. Endocrinology and genetics of the hypothalamic-pituitary-gonadal axis. in Biology of Breeding Poultry [M]. CAB International, Wallingford, Oxfordshire, UK: 61-88.

Dunn I C, Sharp P J, 1999. Photo-induction of hypothalamic gonadotrophin releasing hormone-I mRNA in the domestic chicken: A role foroestrogen [J]. J. Neuroendocrinol, 11: 371-375.

Evered D, Clark S, 1986. Photoperiodism, melatonin and the pineal. in: Ciba Foundation Symposium 117 [M]. Pitman Publishing Ltd. , London, England: 1-323.

Freeman B M, 1988. The domestic fowl in biomedical research: physiological effects of the environment [J]. Worlds Poultry Science Journal, 44 (1): 41-60.

Foster R G, Follett B K, Lythgoe J N, 1985. Rhodopsin-like sensitivity of extra-retinal photoreceptors mediating the photoperiodic response in quail [J]. Nature

（Lond.），313：50-52.

Follett B K，Pearce-Kelly A S，1991. Photoperiodic induction in quail as a function of the period of the light-dark cycle: implications for models of time measurement [J]. Journal of Biological Rhythms，6：331-341.

Gongruttananun N，2011. Influence of red light on reproductive performance，eggshell ultrastructure，and eye morphology in Thai-native hens [J]. Poultry Science，90：2855-2863.

Garriga C，Hunter R R，Amat C，et al，2006. Heat stress increases apical glucose transport in the chicken jejunum [J]. Am J Physiol Regul Integr Comp Physiol，290（1）：R195-R201.

Hy-Line International，2016. Management guide for Hy-Line brown commercial layers [J]. Hy-Line International，West Des Moines，IA，USA.

John T M，George J C，Etches R J，1986. Influence of subcutaneous melatonin implantation on gonadal development and on plasma levels of luteinizing hormone，testosterone，estradiol and corticosterone in the pigeon [J]. Journal of Pineal Research，3：169-179.

Kim W K，Donalson L M，Bloomfield S A，et al，2007. Molt performance and bone density of cortical，medullary，and cancellous bone in laying hens during feed restriction or Alfalfa-based feed molt [J]. Poultry Science，86：1821-1830.

Lei M M，Wu S Q，Li X W，et al，2014. Leptin receptor signaling inhibits ovarian follicle development and egg laying in chicken hens [J]. Reproductive Biology and Endocrinology，12：1-12.

Liu H Y，Zhang C Q，2008. Effects of Daidzein on Messenger Ribonucleic Acid Expression of Gonadotropin Receptors in Chicken Ovarian Follicles [J]. Poultry Science，87：541-545.

Long L，Wu S G，Yuan F，et al，2017. Effects of dietaryoctacosanol supplementation on laying performance，egg quality，serum hormone levels，and expression of genes related to the reproductive axis in laying hens [J]. Poultry Science，96：894-903.

Malleau A E，Duncan I J H，Widowskia T M，et al，2007. The importance of rest in young domestic fowl [J]. Applied Animal Behaviour Science，106：52-69.

Muiruri H K，Harrison P C，1991. Effect of roost temperature on performance of chickens in hot ambient environments [J]. Poultry Science，70（11）：2253-2258.

Moore R Y，1983. Organization and function of a central nervous system circadian oscillator: the suprachiasmatic hypothalamic nucleus [J]. Federation Proceedings，42：2783-2789.

Ma X, Lin Y, Zhang H, et al, 2014. Heat stress impairs the nutritional metabolism and reduces the productivity of egg-laying ducks [J]. Anim Reprod Sci, 145 (3-4): 182-190.

Manning L, Chadd S, Baines R, 2007. Water consumption in broiler chicken: a welfare indicator [J]. World's Poultry Science Journal, 63 (1): 63-71.

Niu Z Y, Liu F Z, Yan Q L, Li W C, 2009. Effects of different levels of vitamin E on growth performance and immune responses of broilers under heat stress [J]. Poultry Science, 88 (10), 2101-7: 633646.

Olanrewaju H A, Thaxton J P, Iii W A D, et al, 2006. A Review of Lighting Programs for Broiler Production [J]. International Journal of Poultry Science, 5: 301-308.

Olanrewaju H A, Purswell J L, Maslin W R, et al, 2015. Effects of color temperatures (kelvin) of LED bulbs on growth performance, carcass characteristics, and ocular development indices of broilers grown to heavy weights [J]. Poultry Science, 94: 338.

Ostrowska Z, Kos-Kudla B, Marek B, et al, 2002. Ciesielska-Kopacz. The relationship between the daily profile of chosen biochemical markers of bone metabolism and melatonin and other hormone secretion in rats under physiological conditions [J]. Neuroendocrinology Letters, 23: 417.

O'Brien M D, Rhoads R P, Sanders S R, et al, 2010. Metabolic adaptations to heat stress in growing cattle [J]. Domest Anim Endocrinol, 38 (2): 86-94.

Ooue A, Ichinose-Kuwahara T, Shamsuddin A K, et al, 2007. Changes in blood flow in a conduit artery and superficial vein of the upper arm during passive heating in humans [J]. Eur J Appl Physiol, 101 (1): 97-103.

Perfito N, Guardado D, Williams T D, et al, 2015. Social cues regulate reciprocal switching of hypothalamic Dio2/Dio3 and the transition into final follicle maturation in European starlings (Sturnus vulgaris) [J]. Endocrinology, 156: 694-706. 107.

Pingel H, 2011, Waterfowl production for food security [J]. Lohmann Information, 46: 32-42.

Quinteiro-Filho W M, Rodrigues M V, Ribeiro A, et al, 2012. Acute heat stress impairs performance parameters and induces mild intestinal enteritis in broiler chickens: role of acute hypothalamic-pituitary-adrenal axis activation [J]. J Anim Sci, 90 (6): 1986-1994.

Rozenboim I, Mobarky N, Heiblum R, Chaiseha Y, Kang S W, Biran I, Rosenstrauch A, Sklan D, and El H M, 2004. The role of prolactin in reproductive failure associated with heat stress in the domestic turkey [J]. Biol Reprod, 71 (4): 1208-1213.

Ruzal M, Shinder D, Malka I, and Yahav S, 2011. Ventilation plays an important role in hens' egg production at high ambient temperature [J]. Poultry Science, 90 (4): 856-862.

Renema R A, Robinson F E, 2001. Effects of Light Intensity from Photostimulation in Four Strains of Commercial Egg Layers: 1. Ovarian Morphology and Carcass Parameters [J]. Poultry Science, 80: 1112-1120.

Radwan Z M, Nasser Y G, Shaaban H H, et al, 2010. Effect of different monotherapies on serum nitric oxide and pulmonary functions in children with mild persistent asthma [J]. Arch Med Sci, 6 (6): 919-925.

Schwean-Lardner K, Fancher B I, Classen H L, 2012a. Impact of daylength on the productivity of two commercial broiler strains [J]. British Poultry Science, 53: 7-18.

Schwean-Lardner K, Fancher B I, Classen H L, 2012b. Impact of daylength on behavioural output in commercial broilers [J]. Applied Animal Behaviour Science, 137: 43-52.

Sharp P J, 1993. Photoperiodic control of reproduction in the domestic hen [J]. Poultry Science, 72: 897-905.

Siopes T D, Underwood H A, 1987. Pineal gland and ocular influence on turkey breeder hens. 1. Reproductive Performance [J]. Poultry Science, 66: 521-527.

Silver R, Witkovsky P, Horvath P, et al, 1988. Coexpression of opsin- and VIP-like-immunoreactivity in CSF-contacting neurons of the avian brain [J]. Cell and Tissue Research, 253: 189-198.

Saldanha C J, Silverman A J, Silver R, 2001. Direct innervation of GnRH neurons by encephalic photoreceptors in birds [J]. Journal of Biological Rhythms, 16: 39-49.

Sharp P J, 1993. Photoperiodic control of reproduction in the domestic hen [J]. Poultry Science, 72: 897-905.

Shephard R J, 1998. Immune changes induced by exercise in an adverse environment [J]. Can J Physiol Pharmacol, 76 (5): 539-546.

Sima P, Cervinkova M, Funda D P, et al, 1998. Enhancement by mild cold stress of the antibody forming capacity in euthymic and athymic hairless mice [J]. Folia

Microbiol (Praha), 43 (5): 521-523.

Tsutsui K, Bentley G E, Bédécarrats G, et al, 2010. Gonadotropin-inhibitory hormone (GnIH) and its control of central and peripheral reproductive function [J]. Frontiers in Neuroendocrinology, 31: 284-295.

Usayran N, Farran M T, Awadallah H H, Al-Hawi I R, Asmar R J, Ashkarian V M, 2001. Effects of added dietary fat and phosphorus on the performance and egg quality of laying hens subjected to a constant high environmental temperature [J]. Poultry Science, 80 (12): 1695-1701.

Vermette C, Schweanlardner K, Gomis S, et al, 2016a. The impact of graded levels of daylength on turkey productivity to eighteen weeks of age [J].Poultry Science, 95: 985-996.

Vermette C, Schwean-Lardner K, Gomis S, et al, 2016b. The impact of graded levels of day length on turkey health and behavior to 18 weeks of age [J].Poultry Science, 95: 1223-1237.

van der Pol C W, Molenaar R, Buitink C J, et al, 2015. Lighting schedule and dimming period in early life: consequences for broiler chicken leg bone development [J].Poultry Science, 94: 2980-2988.

West B, Zhou B X, 1989. Did chickens go north? New evidence for domestication [J]. World's Poultry Science Journal, 45: 205-218.

Wilson F E, 1990. Extraocular control of seasonal reproduction in female tree sparrows (Spizella arborea) [J].General and Comparative Endocrinology, 77: 397-400.

Whitehead C C, Fleming R H, 2000. Osteoporosis in cage layers [J].Poultry Science, 79: 1033-1041.

Whitehead C C, 2004. Overview of bone biology in the egg-laying hen [J]. Poultry science, 83: 193-199.

Xi L, Weiguang X, Dong R, et al, 2018. Effects of constant or intermittent high temperature on egg production, feed intake and hypothalamic expression of anti- and pro-oxidant enzymes genes in laying ducks [J].Journal of Animal Science.

Yahav S, 2000. Relative humidity at moderate ambient temperatures: its effect on male broiler chickens and turkeys [J].British Poultry Science, 41 (1): 94-100.

Zawilska J B, Lorenc A, Berezińska M, et al, 2006. Diurnal and circadian rhythms in melatonin synthesis in the turkey pineal gland and retina [J].General and Comparative Endocrinology, 145: 162-168.

图书在版编目（CIP）数据

蛋鸭健康高效养殖环境手册 / 黄运茂主编 . —北京：
中国农业出版社，2021.6
（畜禽健康高效养殖环境手册）
ISBN 978-7-109-20683-0

Ⅰ.①蛋…　Ⅱ.①黄…　Ⅲ.①蛋鸭—饲养管理—手册
Ⅳ.①S834-62

中国版本图书馆 CIP 数据核字（2021）第 149509 号

中国农业出版社出版
地址：北京市朝阳区麦子店街 18 号楼
邮编：100125
策划编辑：周晓艳　王森鹤
责任编辑：王森鹤　周晓艳
数字编辑：李沂航
版式设计：杜　然　责任校对：吴丽婷
印刷：北京通州皇家印刷厂
版次：2021 年 6 月第 1 版
印次：2021 年 6 月北京第 1 次印刷
发行：新华书店北京发行所
开本：700mm×1000mm　1/16
印张：7.75
字数：110 千字
定价：40.00 元